CRACKING PSYCHOLOGY

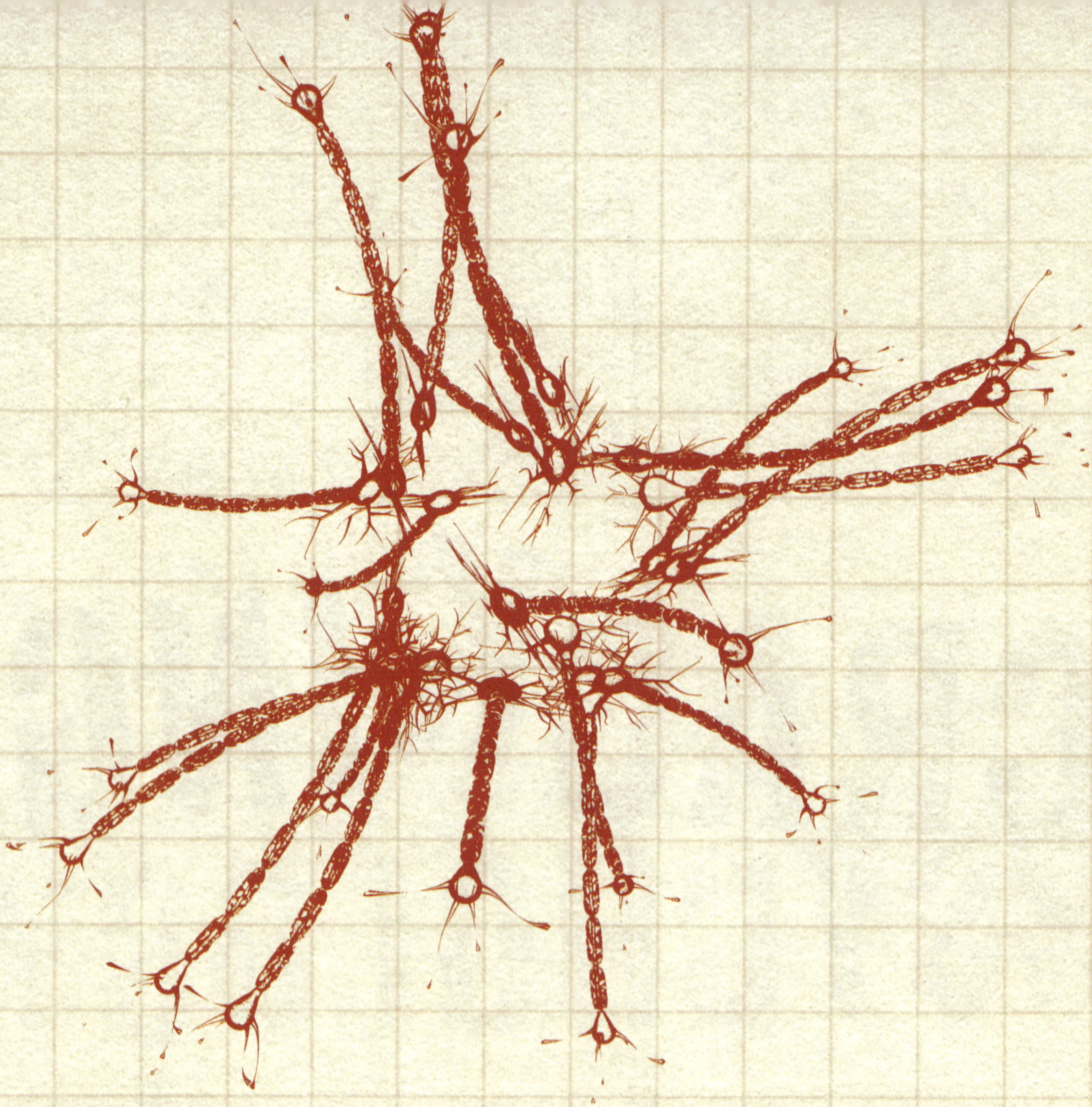

本书作者简介

桑迪·曼恩（Sandi Mann）博士，心理学讲师，思维训练诊所（The MindTraining Clinic）和优势教育公司（Advantage Psychology）总监，长期从事心理学方面的写作，著作颇丰，畅销全球。她研究广泛，涉及儿童心理学、青少年心理学和组织心理学等领域，对情绪管理、职业问题、亲子教育等方面有较深的研究，擅长治疗恐怖症、惊恐障碍和焦虑障碍。

桑迪·曼恩定期为《赫芬顿邮报》（*Huffington Post*）撰稿，她还是《父母杂志》（*Mums and Dads Magazine*）和《职业咨询》杂志（*Counseling at Work*）的专栏作家。她在推特上也很活跃，并且非常乐于收到读者们的来信！

“知识新探索”百科丛书

THE CRACKING SERIES

CRACKING PSYCHOLOGY

心理学的世界

YOU, THIS BOOK & THE SCIENCE OF THE MIND

[英] 桑迪·曼恩（Sandi Mann） 著

黎玮轩 王雅琦 译

電子工業出版社

Publishing House of Electronics Industry

北京·BEIJING

First published in Great Britain in 2017 by Cassell, a division of Octopus Publishing Group Ltd.
Carmelite House
50 Victoria Embankment
London EC4Y 0DZ

版权贸易合同登记号　图字：01-2018-3996

图书在版编目（CIP）数据

心理学的世界 /（英）桑迪 • 曼恩（Sandi Mann）著；黎玮轩，王雅琦译 .
— 北京：电子工业出版社，2019.1
（“知识新探索”百科丛书）
书名原文：Cracking Psychology

ISBN 978-7-121-34982-9

Ⅰ．①心… Ⅱ．①桑… ②黎… ③王… Ⅲ．①心理学—通俗读物
Ⅳ．① B84-49

中国版本图书馆 CIP 数据核字（2018）第 201394 号

策划编辑：郭景瑶（guojingyao@phei.com.cn）　张　昭
责任编辑：郭景瑶
文字编辑：杜　皎
印　　刷：北京画中画印刷有限公司
装　　订：北京画中画印刷有限公司
出版发行：电子工业出版社
　　　　　北京市海淀区万寿路 173 信箱
　　　　　邮编：100036
开　　本：787×980　1/16　印张：20
字　　数：269 千字
版　　次：2019 年 1 月第 1 版
印　　次：2019 年 1 月第 1 次印刷
定　　价：128.00 元

凡所购买电子工业出版社图书有缺损问题，请向购买书店调换。若书店售缺，请与本社发行部联系，联系及邮购电话：（010）88254888，88258888。

质量投诉请发邮件至 zlts@phei.com.cn，盗版侵权举报请发邮件至 dbqq@phei.com.cn。

本书咨询联系方式：（010）88254210，influence@phei.com.cn，微信号：yingxianglibook。

目录

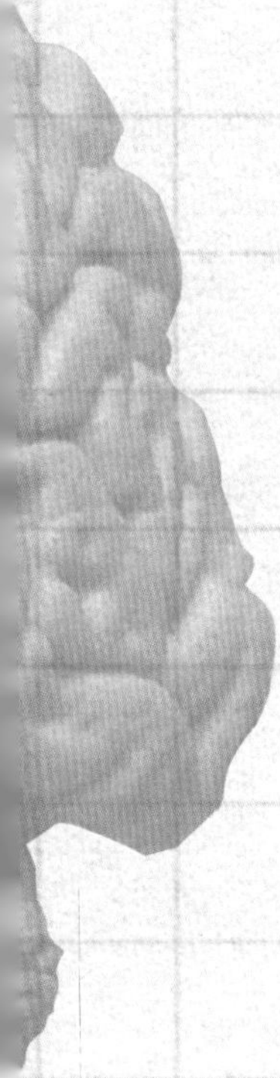

前言

对很多人来说，心理学是一个令人着迷的话题。这是很正常的，说到底，它毕竟是一门与人有关的学科，自然能引起我们深厚的兴趣。心理学探究我们如何思考、感受和行动。它不仅研究人类的行为过程，还关注行为背后的原因，以及行为对他人、环境和一系列其他因素产生的影响。

心理学研究有着悠久的历史（见第10页）并延续至今。21世纪，人类面临一系列新的挑战，诸如全球战争、恐怖主义、计算机辅助技术、自动化、闲暇时间的增加以及社交媒体的兴起，这些变化都会对我们思考、感受和行为方式造成影响。与此同时，我们还需要面对许多存在已久的主题，如哀伤、丧亲、生养、青年关爱、教育和成长等。心理学研究能帮助我们理解自身与世界互动的方式，寻求应对挑战的方法，从而解决上述诸多问题。

本书将带你一览心理学研究领域最为重要的进展，并解释这些研究对我们当下生活的影响。本书由五个不同的部分组成，读者可以按顺序阅读，也可单独查阅。

我们将首先对心理学的历史进行概述，介绍组成这一领域的各个学科和专业。这对有志于深入研究心理学，或考虑将其作为职业方向的读者有所裨益。第一部分还将介绍那些曾为心理学的发展和传播做出巨大贡献的人——其中不仅包括杰出的心理学家，还包括为我们提供宝贵的心理学案例的普通人。除此之外，我们还会介绍与大脑及神经结构相关的基础知识，因为这能帮助读者对心理学有更加全面的了解。第二部分将介绍一些影响人类对心理学理解的重要理论，当中的一些理论已经成为心理学这门学科的重要基石。第三部分将延续第二部分的内容，着重介绍一些改变世界的心理学实验，包括斯坦福监狱实验和米尔格拉姆电击研究。虽然出于伦理考虑，这些实验已经不可能再次进行，但它们对当代社会造成了非常深远的影响。第四部分将介绍各种精神健康问题和心理障碍，还包括一些可能对儿童造成影响的神经发育障碍。另外，这个部分还将涉及从精神分析到人本主义的一系列治疗方法和干预措施。在全书的最后，也就是第五部分，我们将列出一系列基于心理学的实用建议，小至如何戒烟，大至如何成为一个伟大的领导者。

本书将带你开启一场集启发性、娱乐性和教育性于一体的心灵探索之旅。祝各位旅途愉快！

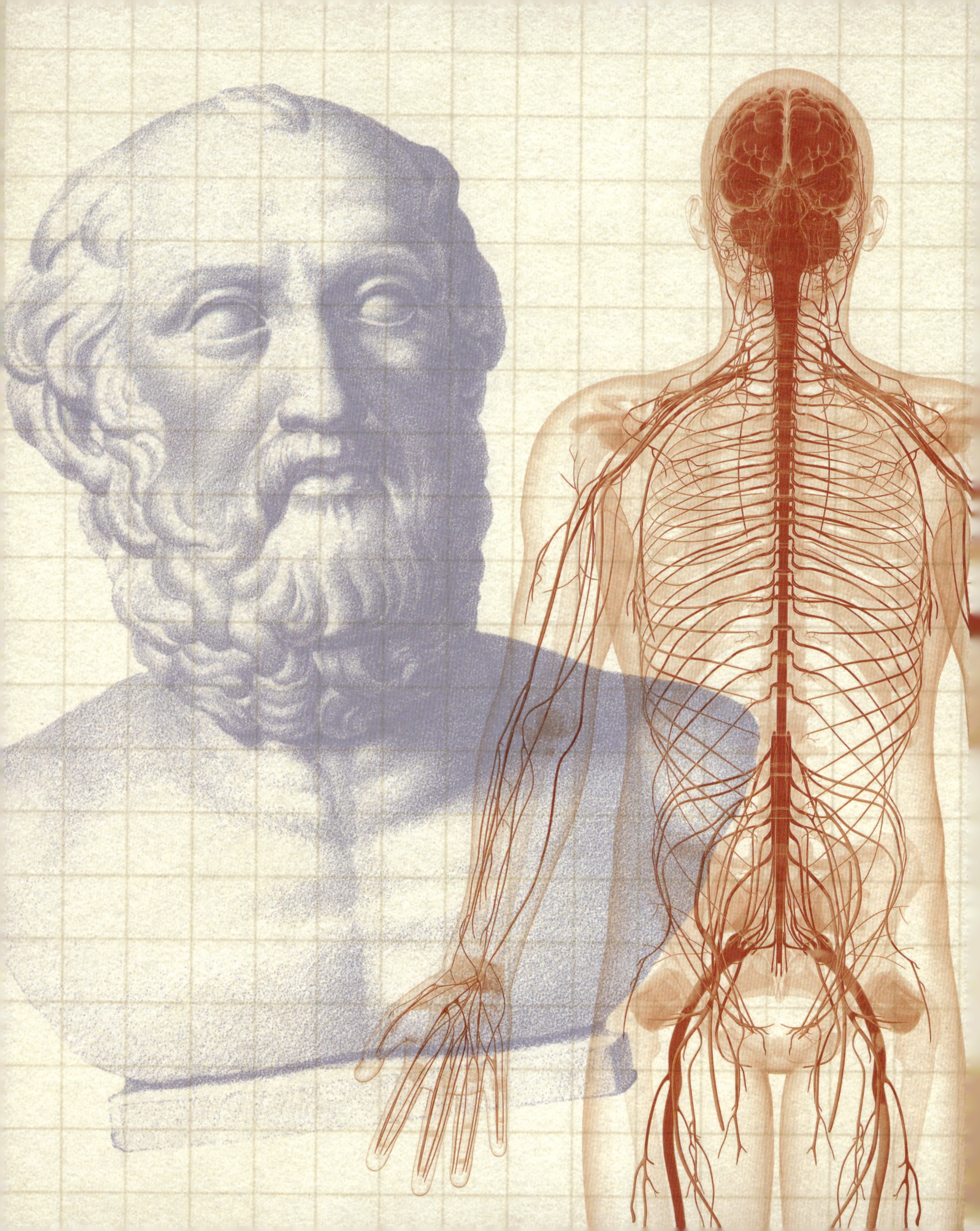

PSYCHOLOGY & PSYCHOLOGISTS

第一部分 心理学和心理学家

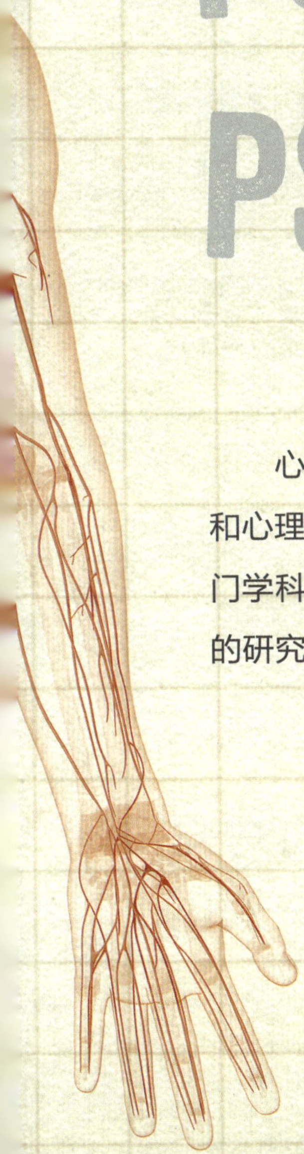

心理学有着悠久而辉煌的历史，在心理学的历史长河中，有许多普通人和心理学家一样，对这门科学的发展产生了深远的影响。想要了解心理学这门学科，就必须先了解它的根源所在，并对过去和现在的心理学家们所运用的研究方法有所了解。

什么是心理学？

心理学的历史

现在，心理学被视为研究思想和行为的科学。它最早可以追溯到约公元前550年，当时，古希腊哲学家就已经提出了被称为“psukhë”（心理，这也是后来“psychology”一词前缀的构词来源）的理论。而“心理学”这个词的首次出现，通常会追溯到德国哲学家鲁道夫·高克尔（Rudolf Göckel，1547—1628），他在1590年发表了一篇题为《心理学》（*Psychologia*）的著作。

19世纪中叶之前，心理学被归为哲学的一个分支。人们当时认为心理学是研究灵魂的学科，法国哲学家笛卡尔（René Descartes，1596—1650）在这个领域具有

在试图理解人类行为的初期，人们并不清楚心理过程的核心究竟是大脑还是心脏。

很大的影响力。直到1879年，威廉·冯特（Wilhelm Wundt，1832—1920）才在德国莱比锡成立了第一个心理学研究实验室。冯特是已知第一位自称为心理学家的人。此外，还有一些对心理学早期发展做出过贡献的研究者，包括记忆研究的先驱赫尔曼·艾宾浩斯（Hermann Ebbinghaus）（见第12页）以及提出经典条件反射相关机制的伊万·巴甫洛夫（Ivan Pavlov）（见第97页）。

欧洲在心理学的其他分支领域内也是佼佼者。其中最为著名的当然是率先使

公元前387年，柏拉图指出，大脑是心理过程机制的核心（但在不久之后的公元前335年，亚里士多德却提出，心脏才是这一机制的核心）。

大脑VS心脏

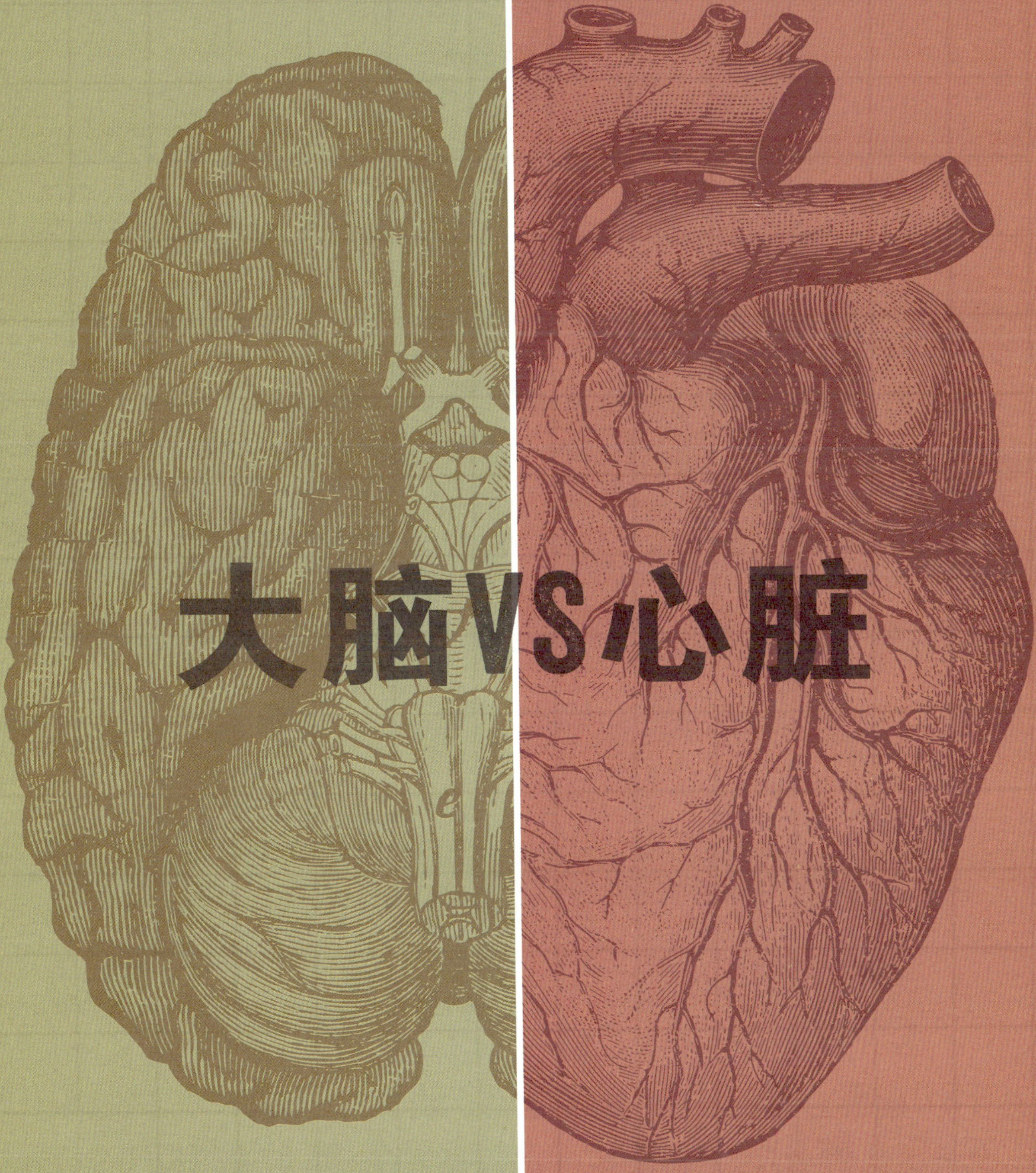

遗忘曲线

德国心理学家赫尔曼·艾宾浩斯（1850—1909）是首批研究遗忘的学者之一，他因为发现“遗忘曲线”而闻名于世。遗忘曲线描述了个体对所学到的信息的遗忘规律：在学习后的头20分钟，遗忘曲线下降的幅度最大，记忆量在第一小时内显著下降，而在一天之后，下降幅度才开始趋于平缓。他还创造了著名的“无意义音节”概念，无意义音节指的是三个没有意义的字母的排列（如DAX，BOK和YAT），他运用无意义音节材料进行实验，来排除真实单词可能对结果造成的干扰。与许多其他研究者不同的是，艾宾浩斯研究的对象只有一个：他自己。在实验中，他背诵了超过2000个无意义音节。此外，艾宾浩斯还首创了“学习曲线”概念，用以描述个体学习新信息的速度。

用案例进行研究的精神分析之父西格蒙德·弗洛伊德（Sigmund Freud）（见第31页）。之后，哈佛大学生理学教授威廉·詹姆斯（William James）也创立起一个小型实验心理学研究室，代表着心理学研究开始在美国兴起。1890年，他出版了《心理学原理》（*The Principle of Psychology*），这是美国最早且最有影响力的心理学教材之一。然而，第一本心理学主题的学术性期刊《心灵》（*Mind*）却是1876年在英国创刊的。

1892年，斯坦利·霍尔（G.Stanley Hall）（美国首位心理学博士）带领30位心理学家和哲学家，创立了美国心理学协会（APA）。1896年，美国宾夕法尼亚大学成立了第一个心理诊所，标志着临床心

1808年，德国生理学家弗朗茨·加尔（Franz Gall）提出，颅相学（对颅骨各部位形状和大小的研究）可以揭示人格特征。

理学的诞生。

时间来到20世纪，约翰·华生（John B.Watson）（见下文）提出了行为主义理论，这一理论随后得到斯金纳（B. F. Skinner）（见第29页）的进一步发展。华生表示，行为主义是对行为进行观察的科学。他认为，在对人类或动物的研究中，只有那些能够被观察、记录和测量的行为，才是真正有价值的部分。

华生进行了饱受争议的“小艾伯特”实验（见第148页），这一实验表明人类行为可以通过条件反射作用进行塑造。他还提出了非常前沿的行为矫正技术，运用这一技术，人们可以通过制订奖惩计划来对儿童（或者大人）进行训练。

1901年，心理学会在英国成立（1906年改名为英国心理学会）。与此同时，1905年，世界上第一个智力测验量表“比奈-西蒙智力量表”在法国问世了（1916年，美国心理学家将其修订为更广为人知的“斯坦福-比奈”智力测验）。1921年，第一家心理测验开发公司“心理学协会”在纽约市创立，心理测验从此迈上商业化道路。从那之后，除大学和研究机构外，人们还可以在商业机构及诊所进行心理学测验。

1952年，美国精神病学协会发布了第一版《精神疾病诊断和统计手册》（*DSM*），这是现代精神疾病分类的开端（最近，该书发布了第5版）。美国心理学会也在次年制定了首个心理学伦理准则。

20世纪末，人们见证了认知科学的兴起，科学家开始通过跨学科的方法对人类思维进行研究。

叛逆的约翰·华生

约翰·华生（1878—1958）的一生可谓波澜起伏。他在高中时曾两次被捕（第一次是因为与非裔美国人打架，第二次是在市内鸣枪）。1920年，约翰·霍普金斯大学开除了华生的教职，因为他与自己的研究生发生婚外情，并在学校中闹得沸沸扬扬。后来，两人结为伴侣并相伴终生。

心理学的不同取向

多年以来，心理学发展出了各种类型的研究方法。

生物学取向　生物学取向起源于查尔斯·达尔文（Charles Darwin，1809—1882）和他的自然选择理论。这一取向认为，与其他因素相比，人类的思想和行为更多地受到生物学（如基因和生理结构）的影响。这个取向的学者指出，在先天与后天之争中（见第20页），先天是胜利的一方，人类的大多数行为是遗传而来的，并且具有适应（或进化）的功能。我们的一切行为都可以用生物过程来解释，而不受环境因素的影响。例如，大脑的化学物质失衡可以解释人体的功能异常，这与其他任何非生物性因素没有任何关系。所有想法、感受和行为，说到底都有其生物学成因。这一取向的方法论主要是双生子研究和自然观察，也包括一些实验室研究。

精神分析/心理动力学取向　这一取向起源于西格蒙德·弗洛伊德（见第31页），他所创立的精神分析既是一种理

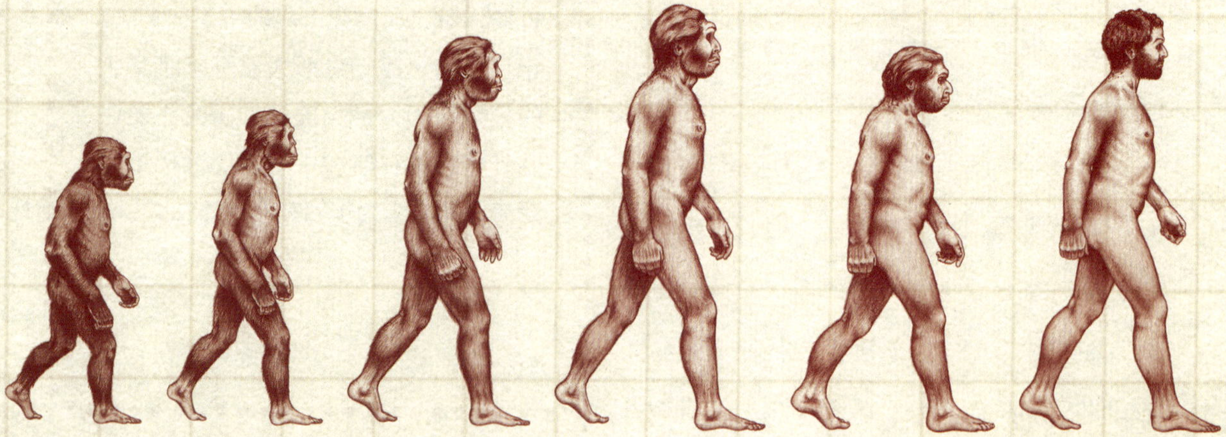

查尔斯·达尔文的自然选择理论认为，大多数心理过程背后都存在进化上的意义，可以帮助人类生存和发展。

弗洛伊德式口误

弗洛伊德式口误是指在说话时、记忆中或者肢体动作上出现的错误。这些错误之所以出现，是因为个体受到无意识的愿望或冲突的干扰（因此我们可以从这些错误理解一个人真实的想法）。人们以西格蒙德·弗洛伊德的名字为这类情况命名。弗洛伊德在1901年的著作《日常生活中的精神病学》（*The Psychopathology of Everyday Life*）中，描述并分析了许多看似微不足道的、奇怪的或者无意义的错误和口误，他认为这些错误和口误（他自己没有将其称为“弗洛伊德式口误”）揭示了犯错者背后真正的动机。例如，当你把配偶的名字错喊成你父亲的名字，可能暗示着你下意识中将自己的配偶当作父亲——心理动力学的拥护者会将此视作婚姻不和的原因。

弗洛伊德式口误的一个著名案例发生于2014年，当时教皇弗朗西斯在布道时将意大利语的“caso”错说成“cazzo”，尽管他很快就纠正了过来。如果你在网上搜索“弗洛伊德式口误”，仍然可以查到很多名人或政客出现这类口误的例子，这些例子早已被各大社交媒体广为传播。

论，也是一种疗法。心理动力学取向认为童年时期的事件对成年后的行为有着重大影响。因此，所有行为的产生都是无意识的，是由童年经历决定的。例如，曾被凶恶的狗吓到过的孩子，长大后可能会对不可测的事物产生恐惧。人类行为的大部分原因都因为隐藏在无意识中而难以被探查。为了探索它们，弗洛伊德创立了精神分析技术，包括自由联想、梦的解析，还有口误（又称为弗洛伊德式口误，见第15页）等。

MRI VS fMRI

MRI（磁共振成像）和fMRI（功能性磁共振成像）技术是目前最常用于观察器官内部结构的两种方法，它们可以让患者免除开刀之苦。这二者均借助强大的磁场和计算机技术，重建出器官、软组织、骨骼和几乎身体所有内部结构的详细图片。两种技术总体上很相似，但又有所不同。MRI主要观察的是内部的解剖结构，而fMRI观察的是身体新陈代谢功能的情况。

行为主义取向　该取向源自华生和斯金纳（见第29页）所创立的行为主义。早期的研究主要观察老鼠、鸽子和猫是如何尝试逃离箱子，以及它们通过学习特定行为来获得食物的过程。一般来说，最开始的成功往往只是一次偶然，但之后动物会迅速学会这种行为来满足自己的需求。这表明行为是可以通过奖惩机制来“塑造”的，这个过程也同样适用于人类。行为主义取向认为，所有的人类行为都是通过经典条件反射或操作性条件反射（见第97页和第98页）习得的。这个取向只使用对照研究法进行研究，它认为应该把研究的重点放在那些能够被观察和测量的行为上。

认知取向　20世纪50年代中期，出于对行为主义片面强调可观察的行为的不满，认知取向开始发展。认知取向的观点认为，要想理解人类及其行为，我们不能只关注行为表征，而必须了解大脑中究竟发生了什么。因此，该观点侧重于研究记忆、感知、语言、思维、问题解决和注意等心理功能。神经科学是认知心理学的一个分支，它主要通过研究大脑在损伤或出现疾病后发生的变化来了解其工作方式。认知取向常用的研究方法是个案法（见第42页的例子）和实验室研究法，还可能包括一些脑部成像技术，如MRI扫描。

人本主义取向 在认知取向蓬勃发展的同时，人本主义取向也开始崭露头角，并逐渐发展成主流。人本主义也是回应行为主义及精神分析取向的一种视角。它强调个体有追求自我实现的内在动力，在这个动力的驱使下，人得以觉察并实现自身的能力，发挥内在的潜能。人本主义取向关注人的整体，包括思想、感受，以及让个体得以控制自身行为、鼓励个体尽力而为的自由意志。卡尔·罗杰斯（Carl Rogers）和亚伯拉罕·马斯洛（Abraham Maslow）（见第33页和第35页）是人本主义取向中最有影响力的心理学家。在第253页，我们将对人本主义疗法做更详细的介绍。

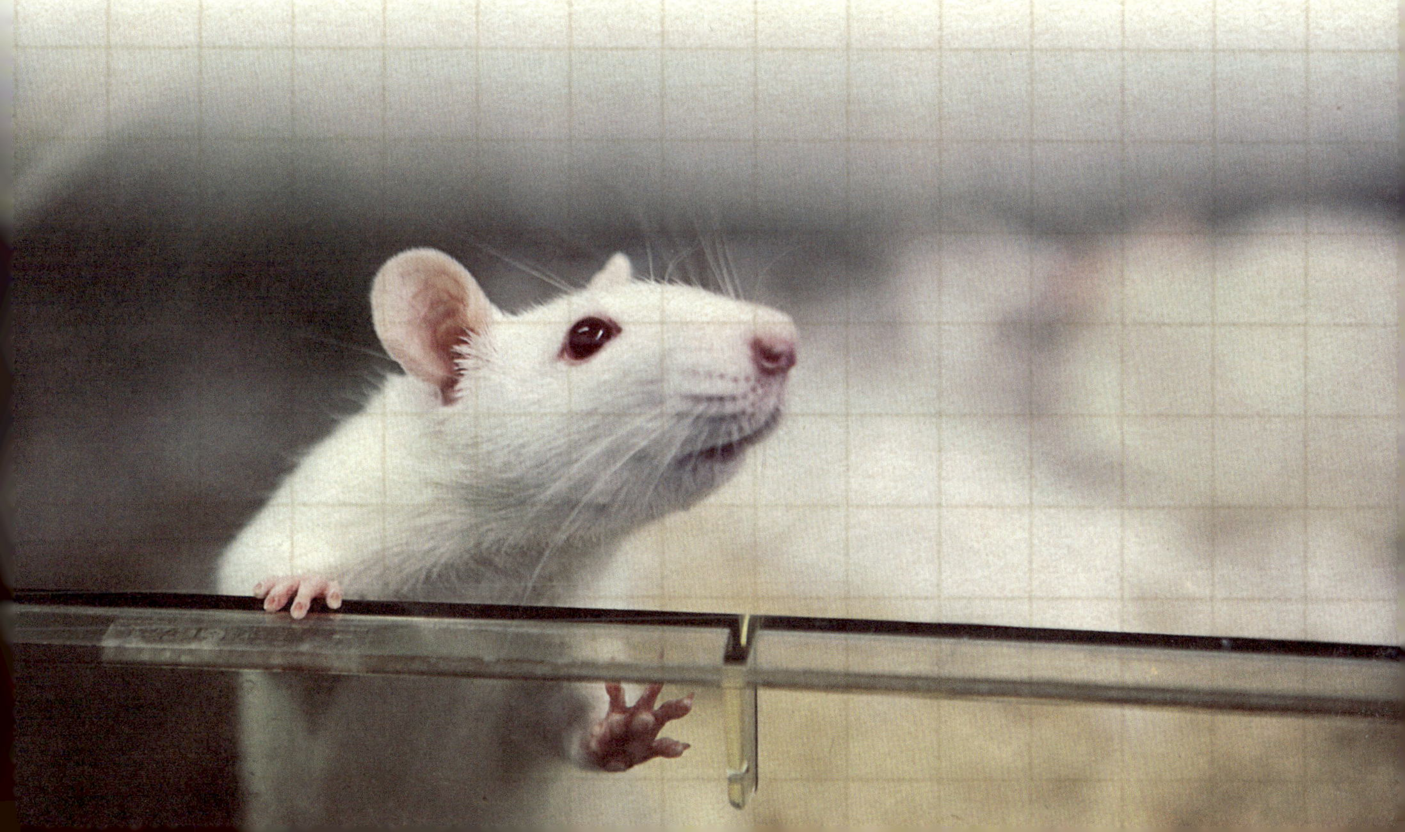

早期行为主义主要通过观察老鼠、鸽子和猫如何习得新行为来进行研究。

弗洛伊德和梦的解析

弗洛伊德在1899年（尽管书上日期标注为1900年）首次出版的《梦的解析》（*The Interpretation of Dreams*）一书中写道，梦可以揭示我们压抑了的担忧、愿望和欲望。他认为，孩子们的梦通常单纯表达着前一天（他称之为“梦日”）的经历，而成年人的梦则更为复杂。弗洛伊德称，当我们的防御有所减弱时，就会做梦。然而，在无意识的审查下，这些梦往往被“隐藏”的想法和企图所扭曲，其真实的含义（通常是某种愿望得到满足）被掩盖，这时就需要使用他的精神分析释梦技术来揭示掩盖在梦背后的真实信息。

精神分析的释梦包括识别“扭曲”或者“扭曲过程”（弗洛伊德称之为“梦的工作”），并翻转这些部分，以揭示“隐梦”的含义。弗洛伊德将梦分为“显梦”（做梦者所记得的内容）和“隐梦”（梦背后的含义和愿望）。他将扭曲过程概括为以下几点：

凝缩　用梦中的一个对象代替很多不同的想法和主意。例如，梦中的一个动物可能既代表配偶，也代表情人。

移置　将个体对某个物体、地点或者人的浓厚的情感进行拆分，并将其附加到一个完全不同的东西上，这样就不会引起做梦者的怀疑，避免防御机制对梦进行自我审查（见第250页）。例如，梦见房屋失火可能实际上代表着对失去亲人的恐惧。

可视化　即想法或主意被转化为可以看见的图像。

象征性　和可视化类似，使用一个象征来指代实际的行为、人物或者想法。

此外，做梦者可能会试图去理解自己梦境的过程，并对梦的内容进行“二度润饰”。

释梦这一方法为后来“解梦词典”的诞生铺平了道路。解梦词典列出了梦中常见的一些事物所代表的特定含义。然而，弗洛伊德自己从来没有真正赞同过这种做法。虽然现在流行这样释梦，但这种做法其实并没有心理学理论的支持。

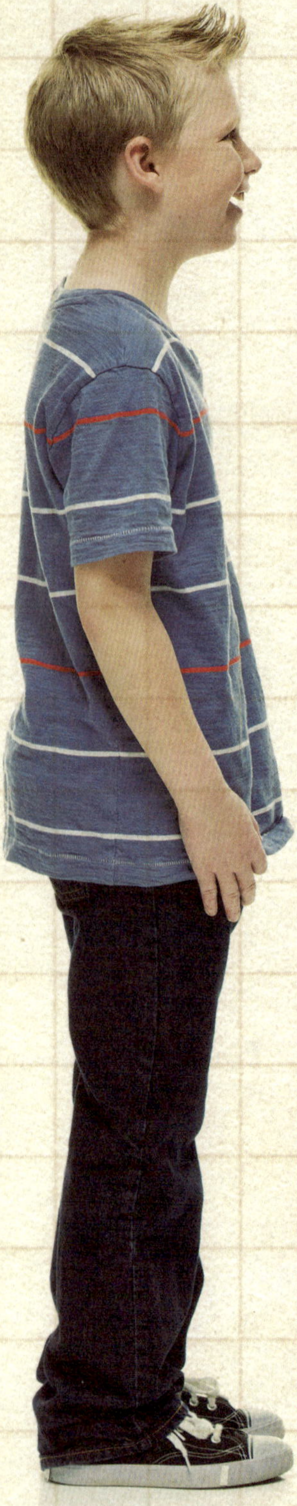

先天与后天之争

我们是如何成长为现在的样子的？

（精神变态者是生来邪恶还是后天所致？）

心理学最为古老的争论之一，莫过于对个性的决定因素的讨论，即环境（后天）和基因（先天）对个性的影响。“先天和后天”这一术语至少从伊丽莎白时期就开始流传，甚至可以追溯到更早的中世纪的法国。在这场争论中，支持“后天”一方的观点最早来自约翰·洛克（John Locke）于1690年提出的“白板说”（blank Slate）。这一观点认为，人类行为的发展主要受环境的影响，而不是遗传。直到20世纪末，这都是学界的主导观点。在那段时期，华生和其他心理学家所倡导的纯粹行为主义取向的风行使基因说的发展空间备受挤压。直到一些心理学实验开始对自出生起就被分开养育的同卵双胞胎进行研究，风向才开始出现变化。

在20世纪初，待收养的双胞胎经常被分开领养，这些携带相同遗传基因的同卵双胞胎被带到不同的环境中成长（见第50页），这为研究环境和基因的相对影响提供了机会。双生子研究证明，在大多数情况下，遗传是人格的重要组成部分。到了20世纪90年代，随着基因研究的发展，遗传的影响变得更容易被检验。2002年史蒂芬·平克（Steven Pinker）的著作《白板：现代对人性的否认》（*The Blank Slate: The Modern Denial of Human Nature*）对20世纪40年代至70年代纯粹行为主义带来的影响进行了“拨乱反正”。

目前的主流观点认为，个体性格（甚至是智力）是遗传和环境（如养育、亲子关系、社会条件、营养和教育）共同作用的产物。例如，家庭环境因素可能对智商差异有四分之一的影响。在性格方面，研究表明，被分开养育的同卵双胞胎性格的相似程度高于其他没有血缘关系的对照组，也高于异卵双胞胎（与同卵双胞胎相比，分享较少的遗传基因）。

那么，如何解释“坏人”的存在呢？长期以来，心理学家一直专注于研究这个问题，尤其是要对这类人进行治疗或惩罚的时候。答案是，和其他因素一样，精神变态者（缺乏道德标准、同理心和悔恨之情）也是先天和后天共同作用下的结果。2006年发表在《变态心理学》（*Journal of Abnormal Psychology*）期刊上一篇名为《罪犯群体中早期虐待、分离和精神疾病的关系》（*Associations Among Early Abuse, Dissociation, and Psychopathy In an Offender Sample*）的论文指出，至少有一部分的精神病性人格特征是个体被虐待（“后天”因素）的结果。而其他研究表明，这当中同样也存在“先天”的成分。例如，1991年的一项实验发现，精神变态者的大脑对于情绪相关词汇的反应比非精神变态者更为缓慢。还有其他研究表明，精神变态者的脑区fMRI图像显示出更薄的边缘组织系统，一般认为这一区域和共情方面的能力有关。

双生子研究　被分开养育（如被分开收养）的双胞胎为我们了解遗传因素和环境因素对人的影响程度所占的比例提供了宝贵材料。

进化取向 这一取向主张人类大脑是进化的结果，该取向用大脑的进化过程来对行为进行解释。任何延续至今的行为均有其进化上的适应性——换句话说，它们是自然选择和适者生存的最优方式。因此，它认为大多数的人类行为都出于本能，即基于我们天生的自然冲动。例如，进化取向对焦虑做出了很好的解释，它认为焦虑是一个适应性的应激反应系统，为“战斗或逃跑反应”提供额外的能量，让人类在遭遇肉食动物袭击时得以逃生。当然，这个反应在今天已经没有用武之地了，它也许是我们在进化过程中的遗留。更多关于压力反应的内容见第136页。

比较取向 这一取向通过研究动物行为来理解人类行为。查尔斯·达尔文是比较取向的核心人物。19世纪末期，研究鸟类本能及印刻的学者道格拉斯·亚历山大·斯伯丁（Douglas Alexander Spalding）也是对这一取向影响颇大的重要人物。比较心理学家对遗传、适应、学习以及养育行为这几个领域尤为感兴趣，他们认为这些领域均可以在某种程度上揭示人类行为。

心理学家都在做些什么？

如果说心理学是针对心智和行为的科学研究，那么心理学家的具体工作内容究竟是什么？很多人认为我们把时间都花在试图“读出别人的思想”上，但实际上我们干的可不止这些。（我们当然不能读出别人的思想，但是，有时候人们对我们的这种“误解”也会带来一些意想不到的好处！）我们的工作内容取决于研究取向。在心理学家中，有些人把时间用在进一步了解人类大脑上，以探究它是如何影响行为的；有些人主要治疗患有精神健康障碍的患者；有些人与存在学习困难的儿童一起工作；有些人致力于设计能够鼓励人们变得健康的活动，如帮助戒烟；还有一些心理学家在商业机构和组织中工作，以帮助其更有效地运作；而另一些心理学家则专注于帮助运动员们取得更好的成绩。

所有的心理学家都在借助积累多年的心理学模型和原理，以不同的方式为个人和社会做出贡献。一些主要的心理学专业包括：

理论/研究型心理学家　他们深入研究心理学的各种理论、模型、原理和治疗方法，以推动心理学学科的发展。

案例研究：作者本人的经历

我是一名注册理论心理学家，在大学从事研究工作。“注册”意味着我已经在英国心理学会注册，并获得相关资格认证。我取得了心理学专业的本科学位和博士学位，并且在求学过程中致力于研究一个和情绪相关的具体领域——“情绪劳动”（关于如何管理或控制工作场合中的情绪）。获得博士学位后，我在英格兰兰开夏大学获得了大学讲师的教职，并在这里工作至今。我在大学里教授与我的主要研究领域相关的主题，如情绪、工作场合问题和压力。我每周花费大约半天的时间做研究，以求对某些领域有更深入的了解（例如，我现在正在研究“无聊”这个通常被压抑的情绪）。有些大学可能允许教员在研究上花费更多的时间。学术研究的一个重要部分是将自己的成果发表在知名期刊上，以便他人阅读和受益。

研究型心理学家通常在大学等研究机构中工作，同时还承担着本科生和研究生的教学工作。事实上，更普遍的情况应该是教学者自己通常都会兼顾科研，他们往往是心理学某个特定领域的专家，通常拥有该领域的博士学位。他们一方面教授自己专业领域的知识，另一方面开展相关的研究（或者指导学生进行研究），以此来推动学科领域的发展。

临床心理学家 这可能是最为人所知的心理学家类型了。这类心理学家常为患有抑郁或焦虑的患者提供治疗，但他们要做的可不止这些。例如，他们还可能需要评估人们的心理障碍，帮助脑损伤患者重新适应生活，为精神发育迟缓的儿童提供诊断，或者帮助遭受过创伤的人。临床心理学家可能有自己擅长的领域，如对老年人、儿童或有学习障碍的群体进行工作。

他们通常在卫生部门工作。要成为一名临床心理学家，通常需要拥有本科学位，有一到两年心理学家助理的工作经历，再攻读相关的博士课程。然而，具体要求在不同的国家或地区也有所差别。

运动心理学家 这一领域的专业人士和运动员及其团队一起工作，他们运用心理模型以及诸如目标设定、可视化和放松技术等方法来帮助运动员更好地发挥实力、应对挫折或压力。他们可能受聘于运动队、个体运动员、教练员、裁判员或体育协会，具体工作内容可能还包括帮助团队提升凝聚力，或者帮助管理者和运动员更好地进行沟通。要成为一名运动心理学家，可能需要在完成本科学业后，再取得专业所认可的硕士学位。

运动心理学家借助他们的理论和研究成果来帮助运动员提升表现。

职业心理学家 通常也被称为工作、工业或企业心理学家。他们帮助雇主、组织或员工处理一系列工作中可能发生的问题，如工作场合压力、职场欺凌、领导力提升、培训、挑选评估以及人体工程学（设计更满足人类需求的设备）等相关内容。要成为一名职业心理学家，可能需要在完成本科学业后，再取得专业认可的硕士学位。职业心理学家可能受聘于大型组织或职业心理咨询机构，也可能自主执业。

健康心理学家 这是一个相对新兴的领域，在我看来，它可能是部分人在接受临床培训时发展受阻所出现的衍生物，很多资质绝佳的临床心理学习者都因为缺乏足够的发展空间而转行到这一领域。健康心理学和临床心理学有很多重叠的部分，但前者适用范围较窄，主要集中在将心理学方法应用于与疾病和医疗相关的行为研究上。例如，他们可能会设计一些活动来鼓励人们健康饮食、戒烟或者定期接受健康检查。健康心理学的另一个功能，是与

职业心理学家能帮助企业最大化利用员工的能力，是组织设计以及员工福利方面的专家。

患有长期疾病的患者合作，帮助他们适应疾病造成的影响，鼓励他们坚持治疗或按时服药。这些心理学家经常在医院里开展工作，当然也可能在大学里工作。要成为一名健康心理学家，需要在完成本科课程取得学位后，再进行一年的学习来获得相应的硕士学位。

法医心理学家 又称犯罪心理学家，通常在监狱等刑事机构中工作。他们负责治疗犯人、帮助其康复，有时候也需要帮助监狱工作人员应对压力或处理其他工作方面的问题。他们还会对犯人进行评估，判断对方是否适合被释放、假释，或是否存在伤害公众（或者自身）的风险。这些心理学家可能会给犯人设计并指导进行一些训练活动，如愤怒管理，或者帮助监狱改善制度。要成为一名法医心理学家，需要在本科后取得硕士学位。

精神科医生 VS 心理学家

精神科医生是经过精神病学相关培训的医师。他们使用药物来对心理健康问题进行治疗，但很少会像心理医生一样进行非药物干预。心理医生则相反，他们没有处方权，不能开药。这两个行业经常会协同工作，病人可能会同时接受两位从业者的治疗，如从精神科医生那儿获得药物（并监测药物反应），同时接受心理医生的心理干预。

教育心理学家 教育心理学家在教育环境中对儿童进行工作，他们自己通常也是合格的教师。他们会评估孩子的学习、社交或发展问题，设计干预措施并提供建议，进行行为管理或者处理校园欺凌等问题，还可能需要对与儿童或学校发展相关的政策和投入提出建议。要成为教育心理学家，需要在本科毕业后通过教师训练资格，并接受相应的博士项目培训（这类项目大多会有实习安排）。

教育心理学家会评估儿童的一系列发展情况，与学校合作制订干预计划，帮助儿童参与相关课程以激发潜力。

20世纪前10位

最具影响力的心理学家

2002年，《普通心理学综述》（*Review of General Psychology*）
发表了20世纪最杰出的100位心理学家的评选结果，
期刊中前10位人选按影响力排名如下。

令人遗憾的是，没有女性心理学家被排进前10名，甚至没人能排进前50名（这可能是因为女性在过去缺乏足够的发展机会）。我们会在第92页上读到伊丽莎白·洛夫特斯（Elizabeth Loftus）关于虚假记忆研究的内容，她是20世纪最具影响力的女性心理学家，在这个榜单上位列第58位。

（《普通心理学综述》20世纪最著名的心理学家名单，2002年，第6卷，第二篇）

1. 伯尔赫斯·弗雷德里克·斯金纳

美国心理学家伯尔赫斯·弗雷德里克·斯金纳（Burrhus Frederic Skinner，1904—1990）常被称为行为主义之父（见第16页）。他认为行为并非来自思维或情感，而是强化的结果。强化是塑造和控制行为的主要过程，以“积极”和“消极”两种方式产生作用。积极的强化类似于奖赏，而消极的强化则相当于惩罚。他还创造了“操作性条件反射”这一术语，用于描述行为塑造和控制的过程。有关条件反射的更多信息，请参阅第96页。

另外，斯金纳创造了著名的操作性条件反射室，人们通常称之为“斯金纳箱”，这是他进行研究的主要场所（见第99页）。他通过将积极的强化和电击等惩罚相结合来控制动物的行为。他的理论对动物学习的相关研究造成了巨大的影响，也让人类的行为研究取得重大进展。从此，研究人员可以通过一个简单、可重复反应的速率、概率或力度来研究人类行为。

2. 让·皮亚杰

瑞士发展心理学家皮亚杰（Jean Piaget，1896—1980）是首个对认知发展进行系统研究的心理学家。在此之前，人们仅仅将孩子视为缩小版的大人。而皮亚杰让大家了解到，孩子和成人的思维方式有着质的差异。他提出了阶段性的发展过程理论，这些阶段不仅是个体能力逐渐提升的反映，它们之间还存在着本质差异。

他的理论发展于20世纪30年代，但直到20世纪60年代才真正得到普及。到20世纪末，皮亚杰已经成为文章被引用数仅次于斯金纳的心理学家。

3. 西格蒙德·弗洛伊德

西格蒙德·弗洛伊德（1856—1939）是来自奥地利的神经学家（于1881年在维也纳大学获得医学博士学位），他被称为“精神分析之父”。精神分析是通过自由联想等治疗技术对精神健康问题进行干预的一种临床方法。（有关此类疗法的更多信息，请参阅第246页。）弗洛伊德认为，无意识思维由三部分组成：本我、自我和超我（见第247页）。本我和超我不断地相互冲突，自我则试图解决这些不和谐；如果冲突没有被解决，我们就会倾向于使用防御机制来减少焦虑。精神分析旨在帮助患者解决他们内心的冲突。

弗洛伊德还发展了关于性的理论，如俄狄浦斯情结，并对和无意识欲望有关的梦进行研究。他借助个案研究来构建自己的理论，其中一个著名个案是小汉斯（见第150页）。在第二次世界大战之前，身为犹太人的弗洛伊德逃离奥地利，前往英国，并与1939年死于口腔癌（病因为过度吸烟）。他的女儿安娜·弗洛伊德（Anna Freud）也成了著名的精神分析治疗师。

4. 阿尔伯特·班杜拉

出生于加拿大的阿尔伯特·班杜拉（Albert Bandura，生于1925年）是此榜单上在本书写作时少数仍然在世的心理学家之一，也是在世的心理学家中被引用数最多的人。他是社会学习理论（见第101页）的创始人。社会学习理论解释了我们是如何从他人处进行学习的。他还建构了关于自我效能感的理论，即人们在多大程度上相信自己能够完成任务。他在1961年主导了影响深远的波波玩偶实验（见第158页）。尽管班杜拉对心理学有巨大的贡献，但他其实是偶然进入这个领域的。在学生时期，他因为觉得太无聊，就修了一些心理学课程来打发时间。

5. 利昂·费斯廷格

美国社会心理学家利昂·费斯廷格（Leon Festinger，1919—1989）因提出认知失调理论（见第133页）和社会比较理论（见第127页）而闻名。他也曾因社会比较理论被《财富》（*Fortune*）杂志列为美国十大最有前途的科学家之一。有趣的是，在职业生涯初期，他对社会心理学毫无兴趣。直到很久之后，他才发展出对社会心理学的喜爱。后来，他放弃了心理学生涯，转而追寻对考古学的兴趣。尽管如此，费斯廷格仍被认为是有史以来最伟大的社会心理学家之一。

6. 卡尔·罗杰斯

美国心理学家卡尔·兰塞姆·罗杰斯（Carl Ransom Rogers，1902—1987）是心理治疗中人本主义取向（又称来访者中心取向或个人中心取向）的创始人（见第256页），他强调治疗师与来访者（他不将求助者称为患者）之间的关系。罗杰斯也是后来才进入这个领域的心理学家，他最初将农业和宗教作为自己的职业发展方向。他的取向强调治疗师应该对来访者表示出无条件的积极关注。除了人本主义取向的治疗师，很多其他流派的治疗师也采用了他的许多观点。

7. 斯坦利·沙赫特

美国社会心理学家斯坦利·沙赫特（Stanley Schachter，1922—1997）因与杰尔姆·辛格（Jerome E.Singer）共同提出的“两因素情绪理论”而闻名于世（见第102页）。这是首个指出情绪具有两个因素的理论，它认为生理唤醒与认知对唤醒的评价两者结合，导致了各种情绪的产生。在此之前，人们对情绪的研究从未涉及认知的作用。这个理论还带来了一个衍生的观点——情绪有可能是错误的，因为我们可能会基于自己所获得的信息，将生理唤醒错误知觉为某种情绪。尽管沙赫特因情绪理论而闻名，但他也研究过肥胖和成瘾问题。例如，他曾经发现，正常人会在饱腹时停止进食，但超重的人即使吃饱了也会因为其他原因而继续进食。

8. 尼尔·米勒

尼尔·埃尔加·米勒（Neal Elgar Miller，1909—2002）是一位美国实验心理学家。他和一位同事一起提出了基于心理驱力满足的动机理论。他穷极自己的职业生涯，试图探明恐惧、饥饿、好奇等人类驱力的生物学基础。他在这个领域取得了突破性的进展，如发现恐惧是习得的反应，运用生物反馈技术可以帮助人们控制自己的血压（对个体生物过程的测量反馈可以影响这个过程本身）。他的大部分研究都是在实验室中用老鼠来进行的，这也引起了动物权利保护组织的抗议。

9. 爱德华·桑代克

美国心理学家爱德华·桑代克（Edward Thorndike，1874—1949）因提出“效果律”而闻名。效果律表明，在同类情境下，获得奖励的反应更有可能再次发生，而获得惩罚的反应则更不可能再次发生。斯金纳的操作性条件反射理论（见第98页）也是建立在爱德华·桑代克的理论之上的。桑代克还创造了一个“迷箱”来检验自己的想法。他在箱子中放了一只猫，这只猫需要逃脱出去才能获得食物作为奖励。在不断地实验和试错后，这只猫很快就学会按下逃生控制杆来逃生。桑代克用他的效果律来解释猫在实验中的行为。

10. 亚伯拉罕·马斯洛

亚伯拉罕·哈罗德·马斯洛（Abraham Harold Maslow，1908—1970）是一位美国心理学家，他的代表作是“需求层次”理论。这是一种动机理论，详见108～109页。他呼吁人们在满足更高层次的需求和达到最终的自我实现之前，要先承认自己的基本需求。正如第17页中所述，马斯洛还建立了人本主义心理学这一学科。1963年，他婉拒了人本主义心理学协会主席职位的邀请，因为他觉得该组织应该在无领导的状态下发展。

学习心理学，你会学到些什么？

进入心理学各个专业领域的第一步，均建立在取得本科学位的基础上。如果你在考虑进入这一行，那么事先了解自己未来可能的学习内容将对你大有裨益，这也将有助于你对心理学产生更深的认识。

虽然心理学学士学位的内容设置不尽相同，但大部分都包含以下主要课程：

发展心理学 涵盖了我们整个生命周期各个发展阶段的方方面面，包括青春期和生命晚期，但它更多地围绕在研究儿童在语言习得、道德推理、智力发展、依恋、性格和同一性形成等方面的学习和发展。

社会心理学 这个领域研究人们是如何受到他人（甚至是想象中的他人）影响的。它涵盖了态度的形成及变化、说服、众从、群体动力、人际吸引、偏见和群体心理学等内容。

认知心理学 这是关于心理过程的研究，包括注意、创造力、语言运用、记忆、感知、问题解决和思维等内容。

个体差异　顾名思义，个体差异关注人与人之间的差异。它通常指性格、智力、性别和年龄等方面的差异。

生理心理学　它研究的是在人们思考、感受、感知和行动过程中起作用的生理因素。因此，它涉及对大脑、神经系统及分泌激素的腺体（内分泌系统）的研究（见第52页）。

变态心理学　对不寻常或非典型的行为和思维模式的研究，通常会涵盖心理疾病和障碍，以及心理健康方面的内容。如今，在许多大学中，变态心理学常被简称为“临床心理学”。

研究方法　大多数心理学课程会有对某种研究方法的介绍，并教导学生如何科学地进行心理学研究（见第38页）。

心理学的工具：心理学家如何得出成果？

如前文所述，心理学学科通过科学研究来阐明知识，并深化我们对人类的理解。

进行心理学研究的基本过程包括问题提出、研究设计、数据收集、结果分析、得出结论以及和心理学界的同行分享研究结果。一项研究总是起于对两个"变量"之间关系的假设或预测。变量指的是可以在实验中加入或排除的某个因素，通过这个过程，我们可以考察它对结果的影响。例如，我想要研究对孩子的表扬能在多大程度上促进其行为改善，在这个情况下，变量就是"表扬"，假设可能是"表扬孩子会改善他的行为"。这个假设通常基于前人的研究或逻辑推理，它是可以通过实验来验证的。验证假设的三种主要方法包括实验法、相关法和观察法。

为什么心理学是一门科学？

科学的目的在于为以实证为基础的现象提供可靠的解释或理论支持。心理学家使用严格的科学方法来观察、测量和验证假设，得出与人类行为相关的研究结果。这些方法是可重复的，而且学者会设法控制可能干扰研究结果的其他因素。这意味着，心理学家可以有理有据地相信研究所揭示的关系，基于这些结论来设计治疗和干预方案也是合理安全的。

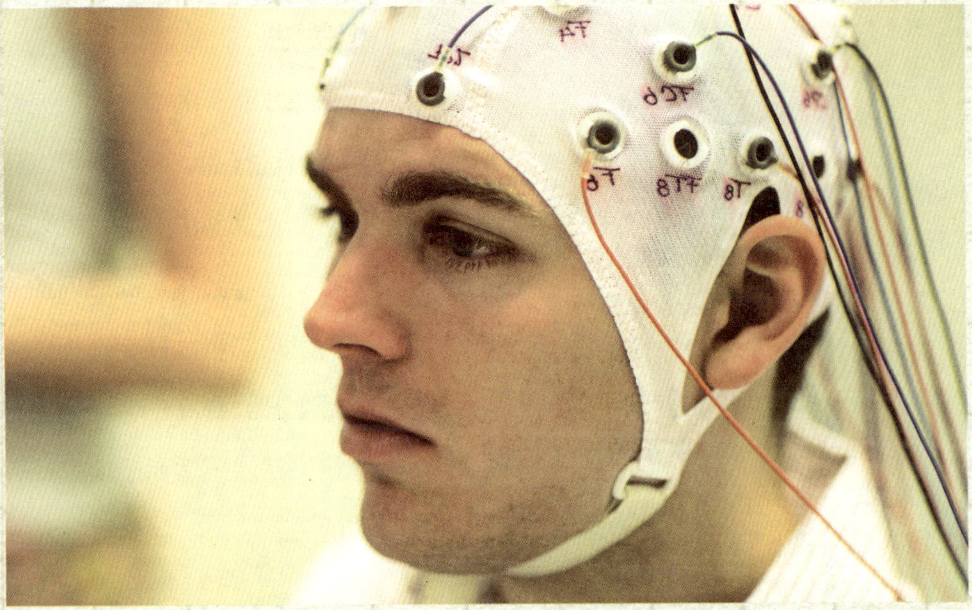

心理学实验有时会使用相关的设备和技术来观察特定情况下大脑所产生的变化。

实验法

当心理学研究者建立起假设后，就需要以某种实验来对假设加以验证。实验是我们用来验证变量之间关系的方法。有的实验可能非常复杂，涵盖很多不同的变量；也有的十分简单，只有一个因果研究。但即便是最简单的实验，也由各个部分组成，并且需要包含一个控制组。控制组指的是没有接受实验操作的一组被试，这样学者才能对实验结果进行对比解释。

在收集到实验数据后，研究人员将进行一系列统计检验，以确定控制组和实验组的数据之间是否存在统计学上的差异（抑或这种差异只是偶然发生的）。统计上的显著性是通过统计学检验建立的，用于估计结果是偶然发生的可能性。如果偶然发生的概率足够低，那么就可以认为差异的出现是实验干预的结果，即达到统计上的显著性。

双盲实验

双盲实验是指被试和实验者双方都不知道哪些人属于实验组，哪些人属于对照组。这可以避免实验者或被试在无意中对实验结果造成偏差。在非双盲条件下，实验者可能因为知道被试的分组情况而以不同的方式对待被试，或在无意识的情况下向个别被试传递出不同的信息，从而造成“观察者偏差”。同样，如果被试猜出了实验意图，或被告知了实验目的，他们也可能无意中表现出“要求特征”，下意识地改变自己的行为来满足研究期望。

相关法

并非所有的心理学研究都是通过实验室实验进行的，我们还可以运用相关法来探索变量之间的关系。例如，如果我们研究孩子的年龄和身高之间的关系，我们可能会发现二者之间存在相关关系，即随着年龄上升，身高也会随之上升。然而，这种相关法就不适用于研究成人的年龄和身高的关系了。

观察法

在这个方法中，研究人员不会试图去影响或改变事情的进展，只会进行观察，因此这个方法不存在任何干预手段。观察法的重点就在于，研究人员无论如何都不能施加任何外在影响。在有些情况下，操纵变量可能会违反伦理（例如，我们不应该刻意激发孩子的攻击行为，因此用观察法来评定孩子的攻击行为更为恰当），或者我们需要尽可能地减少“要求特征”（被试会有意无意地表现出他们认为研究者所期待的结果），因此就可以考虑使用观察法进行研究。

然而，这个方法可能存在“观察者偏差”问题，即研究人员会下意识地注意并记录他们期望得到的结果。并且，我们不清楚当人们知晓自己在被观察时，是否会做出不同的反应。为了应对这些问题，研究人员有时会选择不让被试知道自己正被观察中，或者直接加入到被试中去，在活动中观察被试。

另外，观察研究可能会侵犯个体隐私，使用隐蔽观察法会涉及一些伦理问题。如果被试是在公众环境下（如在等公共汽车时）被观察，那么一般都不需要获得被试的知情同意。而在其他情况下，考虑到提前获得知情同意会使研究结果产生偏差，可以选择在事后再征得被试的同意。

观察法包括观察自然环境中的人或动物，也包括在实验室里通过单向玻璃进行观察。如图所示，芝加哥大学的心理学系副教授艾克哈德·赫斯博士（Dr. Eckhard Hess）正在通过控制台操纵光线和声音，并在单向玻璃后观察小动物的反应。

对心理学做出杰出贡献的普通人

本书囊括了许多知名心理学家的杰作，但若没有某些普通人提供的启发，许多理论和成果都不会存在。很多时候，正是这些不幸者的存在或死亡，为人类揭示了某种心理现象的存在。

“HM”

HM是亨利·古斯塔·莫莱森（Henry Gustav Molaison，1926—2008）的化名，他是美国人，因“没有记忆”而闻名。他长年饱受严重癫痫（见第62页）的折磨，在27岁时接受了一场手术以图减轻病症。手术由哈特福德的神经外科医生威廉·比彻·斯科维尔（William Beecher Scoville）执刀，需要切除亨利左右两边内侧颞叶中的海马体（见第54页），而亨利在整个过程中都是清醒的。虽然术后亨利的癫痫得到了很大改善，但不幸的是，移除海马体对他的记忆造成了很大影响。他记不起手术后发生的任何事情，也失去了手术前11年的记忆（原因至今未明）。

HM在无意中为心理学做出了巨大贡献，因为在此之前，没人知道大脑颞叶中的海马体对记忆如此重要。继HM之后，学界再也不用这种手术方法来治疗癫痫了，但这对可怜的HM来说已经于事无补。

这场手术后，HM对心理学的贡献还延续了55年。在此期间，他自愿参加了麻省理工学院（MIT）的一系列实验。我们目前关于记忆的大部分知识都是通过这些实验发现的。

他在术后出现的完全性遗忘，意味着他无法在意识层面上学习或回忆任何新事物，包括名字、面孔以及歌曲。但是，他可以在潜意识层面上掌握新的运动技能。例如，他在腿伤后能学会如何使用助行架，虽然每次使用前都不记得自己之前已经用过（即使前一天才用）。他的智商一

直保持正常水平，也十分快乐，非常合作。他从不会觉得实验烦闷无聊，因为每次实验对他来讲都是新鲜的。

至今，有将近12000篇期刊文章里出现过亨利的名字（或者首字母——因保密条例，他的真实姓名仅在去世后才对外公布），这意味着他是医学史或心理学史上被研究最多的病例。即使去世后，他仍在为心理学的发展做出贡献——他的大脑被解剖成2000个部分以供研究。

大卫·利马

大卫·彼得·利马（David Peter Reimer，1965—2004）是一名出生于加拿大的男性生物学家。在婴儿时接受的一场失败的手术中，他的阴茎被意外损坏。从此，在药物和心理干预的帮助下，他被当作女孩抚养长大。大卫原本叫布鲁斯，有一个叫布莱恩的同卵双胞胎兄弟。在他们6个月大时，两兄弟遵医嘱进行常规手术，以解决排尿问题。悲剧的是，布鲁斯的阴茎在手术中受损且难以修复，布莱恩的手术随之取消（他的排尿问题后来自行好转了）。

崩溃的父母带着布鲁斯前往位于巴尔的摩的约翰·霍普金斯大学医学院，向心理学家约翰·曼尼（John Money）求助。约翰·曼尼是在性发育及性别认同方面富有盛誉的先驱，擅长治疗双性人患者（难以凭借生殖器确定性别的人）。曼尼认为，性别认同是社会学习的结果，改变对孩子的抚育方式，可以改变其性别认同。

大卫·利马的案例表明，性别并非习得或经训练而成的，即使以另一种性别的方式抚养孩子，也不能将他们变成异性。

他建议为布鲁斯装上人造阴道，将其当作女孩子来抚养。在22个月大的时候，布鲁斯变成了布兰达。这恰好造就了一个研究性别认同的最佳实验，尤其是因为双胞胎兄弟布莱恩的存在——他是一个完美的实验控制组。

后来据利马称，曼尼迫使他接受奇怪的性取向，并进行诸多干预，以鼓励他转换到新的性别中。其中包括被曼尼称为童年“性爱演练”的训练，他认为通过这一方法能确保利马成为一个健康的女性成人。曼尼长年在心理学期刊上报告这一个案（记作“约翰/约翰娜”），并认为对个案的干预非常成功。他声称布鲁斯很好地适应并接受了布兰达这一女性角色。该案例也被用于佐证其观点，即性别是可以学习的，即便对非双性人儿童而言也一样。

可悲的是，这些结论后来发现是错误的。1997年，利马向记者和其他媒体讲述了自己的故事，以避免其他孩子也遭遇和他一样的经历。不论就哪个方面而言，他都否认自己“变成了”女性。他还著书详细讲述了这件事，书名为《回归自然：被当作女孩养大的男孩》（*As Nature Made Him: The Boy Who Was Raised as a Girl*）。事实上，青春期他曾因此变得非常抑郁，有强烈的自杀倾向，也拒绝再去见曼尼。需要说明的是，当时的利马对事情的来龙去脉毫不知情，并不知道自己在出生时其实是男性。他在14岁时才得知真相，并选择转换成原本的性别，改名大卫。

基蒂·吉诺维斯

和这一部分介绍的其他案例不同，基蒂·吉诺维斯（Kitty Genovese）的生活平淡无奇，在生前并没有得到心理学家的关注。她为心理学所做出的杰出贡献源自她悲惨的死亡经历。

凯瑟琳·苏珊·基蒂·吉诺维斯1935年生于纽约，并在此居住了一辈子。1964年3月13日凌晨，她下班开车回家。在下车朝公寓方向行走的途中，她遭遇温斯顿·莫斯里（Winston Moseley）持刀袭击。莫斯里是一名29岁的已婚男子，育有二子。在遇袭时，她的尖叫声吸引了邻居的注意，莫斯里随即跑开了，基蒂重伤倒地。然而，十分钟后，莫斯里又再度跑回来，将基蒂刺死。

这起凶杀案与纽约其他随机杀人案的不同之处在于，它是在众目睽睽之下发生的。据事后估计，有约12～38人目击了至少部分行凶过程，而他们基本都袖手旁观。

众多目击者同时袖手旁观的现象，被称为“旁观者效应”理论（见右页）。社会心理学家约翰·达利（John Darley）和比勃·拉特那（Bibb Latané）对此进行了一系列研究。结果表明，和我们平常的预期相反，旁观者数量越少，反而越可能有人愿意挺身而出，对受害者施以援手。出现“旁观者效应”的原因是：一方面，旁观者都觉得有人会介入，因此自己不需要承担这个责任（“责任分散”）；另一方面，当他们看到别人没有采取行动时，就会对自己出手相助的意愿感到不确定，因为他们会假设其他人有更好的援助方法。基蒂·吉诺维斯的案例也因揭示了这一现象而成为社会心理学教科书中的经典之一。

旁观者效应

1968年，约翰·达利和比勃·拉特那跟进了1964年基蒂·吉诺维斯遇害事件。他们通过一个实验证明了“旁观者效应”的存在。在实验室内，被试会遭遇一个事先安排好的紧急事件，有的被试是孤身一人，有的则和其他被试或实验人员一同在场。研究人员观察被试是否会出手相助；如果会的话，从事件发生到实施帮助会花费多长时间。

实验发现，当有其他人在场时，个体的帮助行为会被极大地抑制。例如，当被试发现一位女性跌倒后，如果没有其他人在场，70%的被试会帮忙大声呼救或直接出手相助。但当有其他人同时在场，只有40%的被试会去帮助这位女性。

达利和拉特那认为，当有其他人在场时，旁观者会感受到较小的个人责任去帮助他人，这就是“责任分散”。而当没有他人在场时，因为没有别人可以依赖，旁观者会感受到更有责任去施以援手。

菲尼亚斯·盖奇

菲尼亚斯·P. 盖奇（Phineas P. Gage，1823—1860）是一名大脑受伤的病人，他的案例让人们对大脑的功能性结构有了更深入的理解。1848年，美国铁路工人盖奇遭遇了一起非常严重的事故：一根金属打夯工具（类似于标枪的铁杆）自他的左脸穿入，从头顶穿出，刺穿了他的头部。

令人意外的是，在遭遇事故之后，盖奇的意识仍然清醒。据说，他还对治疗他的医生幽默地说："这事可够你忙活的了。"虽然盖奇在事故和手术中存活了下来，但人们发现他的人格发生了急剧变化。后来的研究发现，他的这些变化和他的大脑受损区域的功能有关，尤其是前额叶区域（见第54页）。在此之前，人们并不清楚大脑的不同部分是否有不同的具体功能，但盖奇的案例启发了学界对大脑功能定位（大脑中不同的特定结构的功能）的研究。

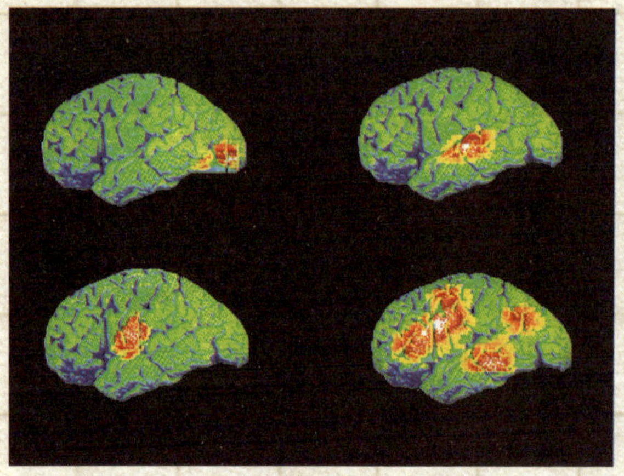

菲尼亚斯·盖奇的案例展示了大脑不同部分的功能。如上图所示，对不同的脑区进行刺激，相应的部分会"亮起"。

"野孩"吉妮

美国女孩吉妮（Genie，1957年生）从小被父亲虐待，她在一个与世隔绝的环境里长大。父亲（后来在被绳之以法前自杀）认为她有智力障碍，决定将她完全和外界隔绝。吉妮一直被独自关在一个小房间里，直到1970年，她才终于引起洛杉矶儿童福利机构的关注。在此前的13年间，她的父亲一直把她的手脚绑在婴儿床的栅栏或儿童便座上，禁止她与任何人接触，并且只给她极少量的食物。这种与世隔绝带来的其中一个后果是，吉妮没有学会如何说话。吉妮的案例引起了心理学家的关注，他们通过这个真实的案例来研究环境刺激的缺乏对个体发展产生的影响。

研究这个案例的心理学家发现，在被解救之后的几个月，吉妮的非言语沟通技巧获得突飞猛进的发展，还开始掌握一些基本的社交技能。同时，她的语言技能也有所发展，但熟练程度却无法达到母语水平。这个发现为诺姆·乔姆斯基（Noam Chomsky）在1965年提出的语言习得理论提供了额外的佐证。这个理论认为，儿童的语言习得存在一个关键时期，没有在这个关键时期习得其语言技能将永远不能达到正常水平。儿童拥有一个先天的语言习得装置，这个装置有助于他们在语言学习的关键时期掌握语言技能。（更多关于这部分的内容见第120页）

对吉妮的大脑研究还让人们增进了对大脑侧化（某些神经功能和认知过程在大脑的某一侧更具支配性）的理解，特别是它对语言能力的影响。吉妮的语言能力和其他能力存在差异，正好支持了人类的认知功能和语言习得由大脑不同区域支配这一假说。而吉妮的非言语沟通能力异常好，这表明非言语沟通能力和语言能力之间存在本质差异。人们后来发现，吉妮难

以熟练掌握的能力主要都由右脑支配，因此这个案例也让人们对左右脑的具体功能有了新的理解。

在此后的几年，吉妮在医院和一些寄养家庭（其中一些后来也被发现存在虐待行为）康复休养，但她的社交技巧、认知功能、情感表达、运动技能和其他一些方面的能力始终没有发展到“正常水平”。后来，她中止了和研究人员的联系。她之后的下落我们并不知晓。据说，她住进了一个专门为存在学习障碍的成人提供服务的康复之家。

两个“吉姆”

吉姆·李维斯（Jim Levis）和吉姆·施普林格（Jim Springer）是一对同卵双胞胎兄弟，他们在四周大时分别被送到不同的家庭抚养长大。1974年，这对39岁的兄弟重逢，并惊奇地发现自己跟对方有很多相似之处，这吸引了心理学家的关注。他们将这对兄弟作为一个案例，来研究学界存在已久的“先天-后天”之争。研究发现，除了相貌体态的相像（同卵双胞胎大多如此），这对兄弟还有很多别的相似之处，这表明在成长环境不同的前提下，基尽管成长经历并不一致，但是两位吉姆过着非常相似的生活。两人甚至都曾经在相同的岁数担任执法人员。

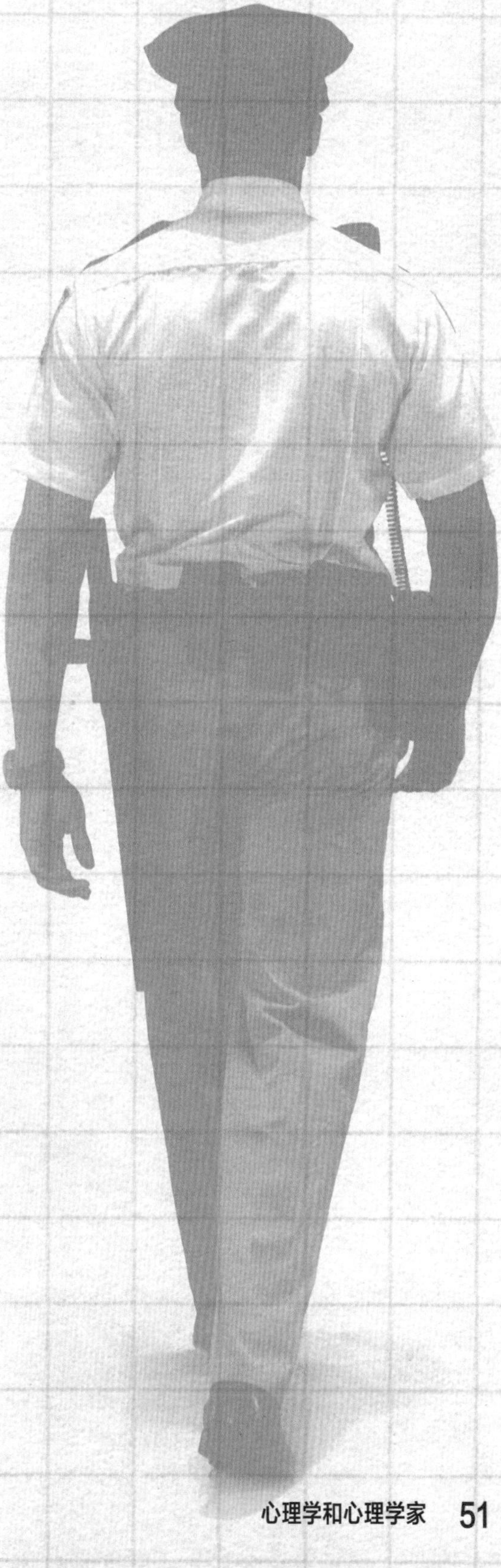

因对个体仍然具有强大的影响力。例如，兄弟俩都患有早发性心脏病，并且在许多行为和人格特征上也具有相似之处。他们都吸烟（并且偏好同一品牌），都爱好木工，都有相同类型的头痛症状。他们在人格特质和智力测验中的得分也具有很高的相关性。他们都兼任过县里的治安官，第一任妻子都叫琳达，并且都离婚再娶了名为贝蒂的第二任妻子。他们都有儿子，一个起名为詹姆斯·阿兰·李维斯（James Alan Lewis），另一个则取名叫詹姆斯·阿兰·施普林格（James Allan Springer）。

吉姆兄弟的案例让人们更深入地理解了基因在塑造人格方面的重要作用。这个案例后来也被纳入著名的“明尼苏达双生子研究”当中。这个研究项目由明尼苏达大学主导，主要是利用双胞胎通常会被不同家庭领养这一常规特点进行研究。目前，明尼苏达大学仍在继续这项研究，但可能再也找不到像吉姆兄弟这样独特的案例了。

心理“硬件”

我们所有的心理功能依赖于神经系统（事实上，人体所有的功能也都源自于此），因此，心理学家致力于搞清楚它的工作原理。神经系统主要由两部分组成。

中枢神经系统（CNS） 由大脑和脊髓构成。

周围神经系统（PNS） 指负责在中枢神经系统和身体其他部位之间传递信息的神经，可分为两部分：躯体神经系统（SNS）负责自主控制功能（如运动、进食和说话）；自主神经系统（ANS）负责非自主控制功能（如呼吸、消化及产生激素）。在面对压力时，自主神经系统的一些功能可以帮助个体更积极地进行应对，如提高心率、抑制与消化相关的肌肉活动等，这个机制被称为交感神经系统；还有一些功能负责身体日常休息的状态，如减缓心率、刺激消化等，这些部分被称为副交感神经系统。

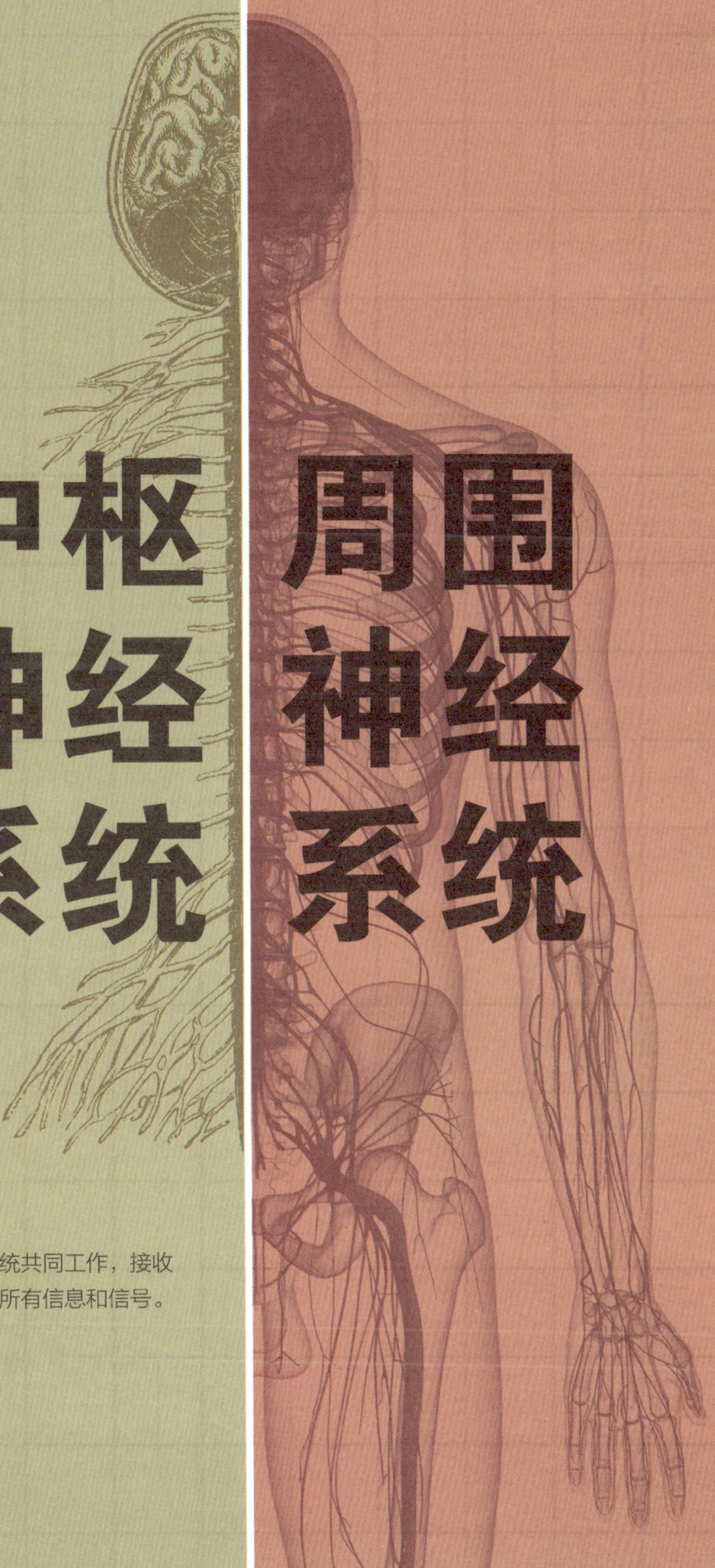

中枢神经系统

周围神经系统

中枢神经系统和周围神经系统共同工作，接收和发送让人体及大脑发挥功能的所有信息和信号。

大脑

大脑负责处理及解释脊髓和周围神经系统传递的所有信息，它由前脑、中脑和后脑三个部分组成，中脑和后脑共同组成了脑干。

前脑

前脑区域负责多种功能，包括语言、思维、信息处理及运动。它包括丘脑（调节睡眠和意识）、下丘脑（控制饮食和性行为）、杏仁核（处理情绪）和海马体（对记忆有重要作用）。这些组织一同构成了边缘系统，有时也被称为“情绪脑”。前脑还包括了大脑中面积最大的皮层（又叫大脑半球或大脑皮层），这一部分高度折叠，因而有较大的表面积。皮层被划分为具有不同功能的四个区域，具体见下表。

大脑皮层分区	功　能
额叶（包含前额叶皮质层）	推理、计划、部分言语功能、运动、情感及问题解决
顶叶	运动、方向、认知及感知
枕叶	视觉处理
颞叶	听觉处理、记忆和言语

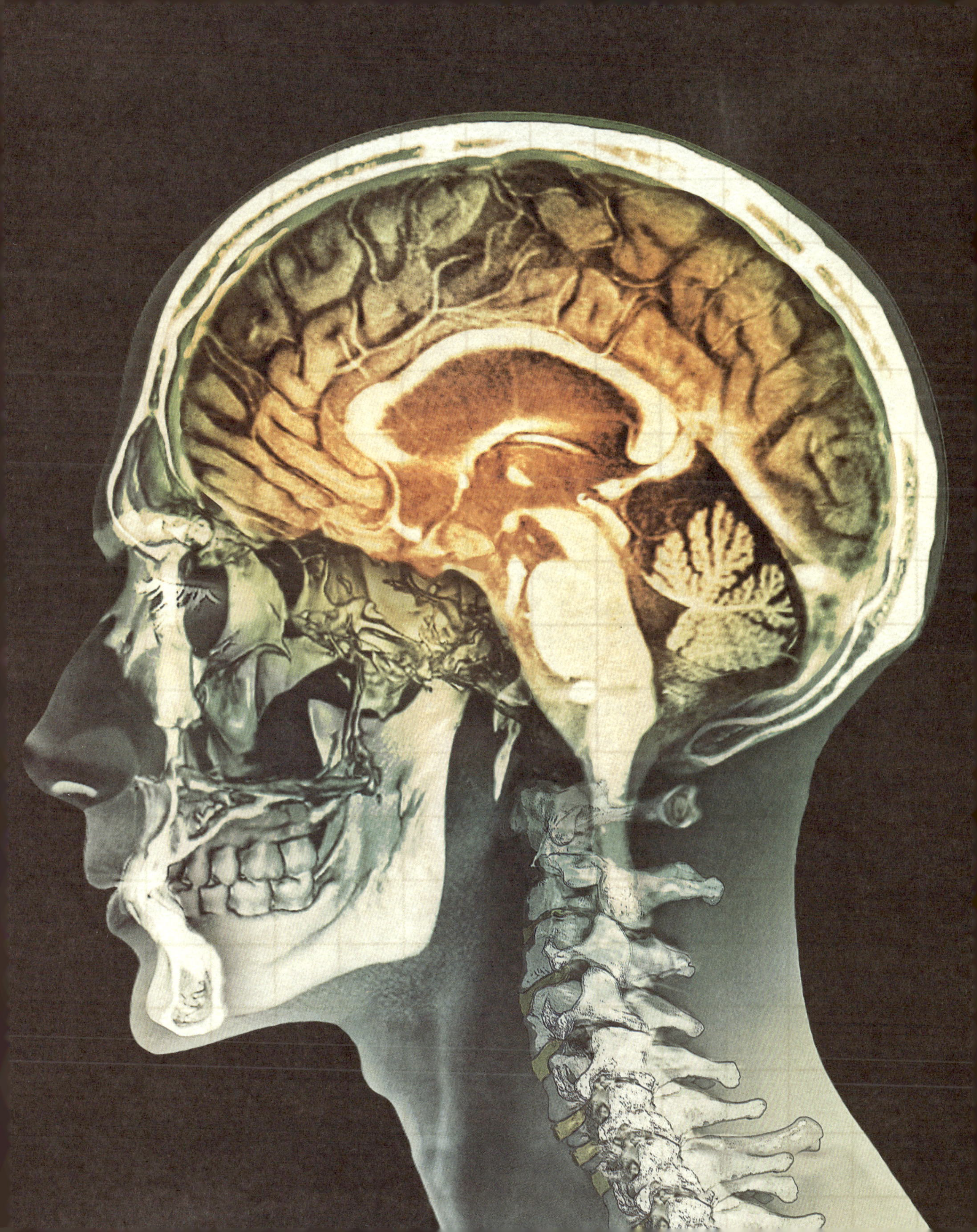

大脑的体积重要吗？

脑的大小重要吗？大脑更大或者更重的人会更聪明或有额外优势吗？这是一个很难解答的问题，因为还有很多额外因素需要考虑。在动物界的智力测验中，脑的大小和智力表现结果之间是存在相关性的。但是，还需要考虑不同动物的体型所带来的影响。例如，大型动物需要更大的大脑来对巨大的器官进行监控和操作。此外，大型动物还有着更多的神经末梢——这些神经末梢都需要更大的大脑来进行监控。所以说，若要考虑大脑体积的影响，就势必要先考虑身体的大小。如果将身体大小这个因素排除在外呢？我们知道，鱼类和爬行动物的大脑都比较小，鸟类和哺乳动物的大脑则比较大。而在智商测验中，鸟类和哺乳动物的表现确实是优于鱼类和爬行动物的。

在哺乳动物里，大脑的大小也是存在差异的。例如，马的大脑就比灵长类动物及海豚的小，而后两者都被认为是更聪明的动物。毋庸置疑，人类在灵长类动物中拥有最大的大脑（按身体和大脑的比例来计算，我们的大脑体积是本该有的三倍），而人类在许多智力测量方面的表现也的确展现出明显的优势。

如果在人和人之间进行比较，则没有证据表明大脑体积的差异对智力有任何影响。事实上，大脑的大小可能不是关键，更重要的是大脑中神经元的数量，而神经元数量的多少并不取决于脑的大小。这样一来，可能需要考量重量这一因素。但事实上，人类大脑之间的重量也没有太大差别，这意味着大脑重量可能受到除神经元数量之外的其他因素的影响。

阿尔伯特·爱因斯坦（Albert Einstein）可谓人类历史上最聪明的人，但他大脑的大小和重量与平均水平并无差异。不过，他脑中的神经元之间似乎有更高的内部连通性。事实上，目前许多科学家认为，脑的大小、重量或脑周长均不对认知能力起决定作用，关键在于大脑的基础组织和突触活动的情况。

中脑

连接后脑和前脑的脑干正是位于此处。中脑是大脑最小的区域，它充当着听觉和视觉信息的中继站。中脑包含了网状激活系统（见第87页），几乎所有的信息都通过这个区域进入大脑。

后脑

后脑延伸自脊髓，包含了小脑和桥脑等结构。小脑和运动、姿势及平衡有关。它与大脑类似，同样由两个半球组成，并具有高度折叠的表层皮层。桥脑则部分由连接脊髓与其他更高级脑区的束状结构组成。

左脑还是右脑？

左脑或右脑优势理论的提出主要基于"脑功能侧化"这一概念。脑功能侧化指大脑的不同半球支配着不同的功能，通过胼胝体交流互通，每个半球控制着身体的另一侧。长久以来，人们都认为不同的功能位于不同的半球内。例如，语言功能区位于左半球，右半球则负责空间信息和视觉理解。

左脑或右脑优势理论认为，大脑的优势特征会反应在能力上。例如，"右脑优势"的人被认为更具直觉性、创造力、思辨性、主观性，也更善于觉察情绪；而"左脑优势"的人则更具逻辑性、分析性、客观性，更善于处理数字。

然而，这一理论有点言过其实了。现在更被普遍接受的观点是，胼胝体让两个半球得以交流互通，从而协同工作。尽管左右半球之间可能存在细微差别，但诸如左半球全权负责语言功能这种观点已经不再被学界认可。

中枢神经系统疾病：帕金森病和阿尔茨海默症

帕金森病是以英国医生詹姆斯·帕金森（James Parkinson）的名字命名的一种中枢神经系统退化性疾病，它主要对运动系统产生影响。帕金森在1817年发表了首篇详细描述该疾病的文章，名为《论震颤性麻痹》（*An Essay on the Shaking Palsy*）。这一疾病的症状包括发抖、僵硬、运动缓慢、步行困难以及思维和行为方面的障碍，在疾病晚期还可能出现痴呆。其他常见症状还包括抑郁以及感觉、睡眠和情绪方面的障碍。

帕金森病是因多巴胺的分泌细胞死亡导致的。多巴胺是一种神经递质（详见第61页）。这些细胞位于中脑中被称为黑质的区域里，它们通常起抑制运动过程的作用。当我们不希望运动过程被激活时，黑质中的细胞就会发挥抑制作用。而当我们确实需要特定的运动功能被激活，多巴胺就会发挥作用，使这种抑制减弱，从而激活必要的运动系统。因此，大量的多巴胺活动会刺激运动功能。而在帕金森病中，患者的多巴胺水平较低，这意味着他们需要花费更多的努力来进行特定的运动。因此，帕金森病人的运动能力会降低。

对此病的治疗主要依靠服用能产生更多多巴胺的药物。但这可能会带来过度的多巴胺激活，使运动神经元受到过度刺激，最终导致病人出现非自主的震颤和运动。

全世界60%～70%的痴呆病例都属于阿尔茨海默症。这是一种慢性神经退行性疾病（包括神经细胞的衰退），通常起病隐匿，随着时间推移，病症加重。最常见的早期症状是短期记忆的丧失，即难以记住最近发生的事件。随着疾病的发展，症状可能包括语言障碍、定向障碍（包括容易迷路）、情绪易波动、动机丧失、不能自我照顾以及其他行为问题。

这一疾病以首先发现它的德国医生阿洛伊斯·阿尔茨海默（Alois Alzheimer）命名。它的特征是大脑皮层及其他区域神经细胞和突触的缺失。在疾病发展过程中，蛋白质聚集在这些区域，形成被称为“斑块”和“缠结”的组织。这造成神经细胞之间连接缺失，并最终导致神经细胞死亡及脑组织损伤。另外，阿尔茨海默症患者的大脑中还缺乏某些神经递质。

人们使用药物治疗以试图抵消上述状况所造成的影响。例如，乙酰胆碱酯酶抑制剂是一组可用于降低神经递质乙酰胆碱（ACh）分解速率的药物，它可以增加大脑中乙酰胆碱的累积，以此来对抗神经元死亡造成的乙酰胆碱损失。

迈克尔·J. 福克斯（Michael J. Fox）患有帕金森病，他借助自己好莱坞演员的名气来提高人们对这种疾病及其影响的认识。

脊髓

脊髓是一种圆柱形的神经束，自脑干向下贯穿脊柱中部直抵周围神经系统。脊髓被一种名为脑脊液（CSF）的清澈液体包围，后者起到缓冲作用，以保护精细的神经。

脊髓神经通过身体内外数以百万计的神经纤维向大脑传递信息，再将大脑传递回来的信息传播出去。连接身体和脊髓的神经被称为周围神经系统。

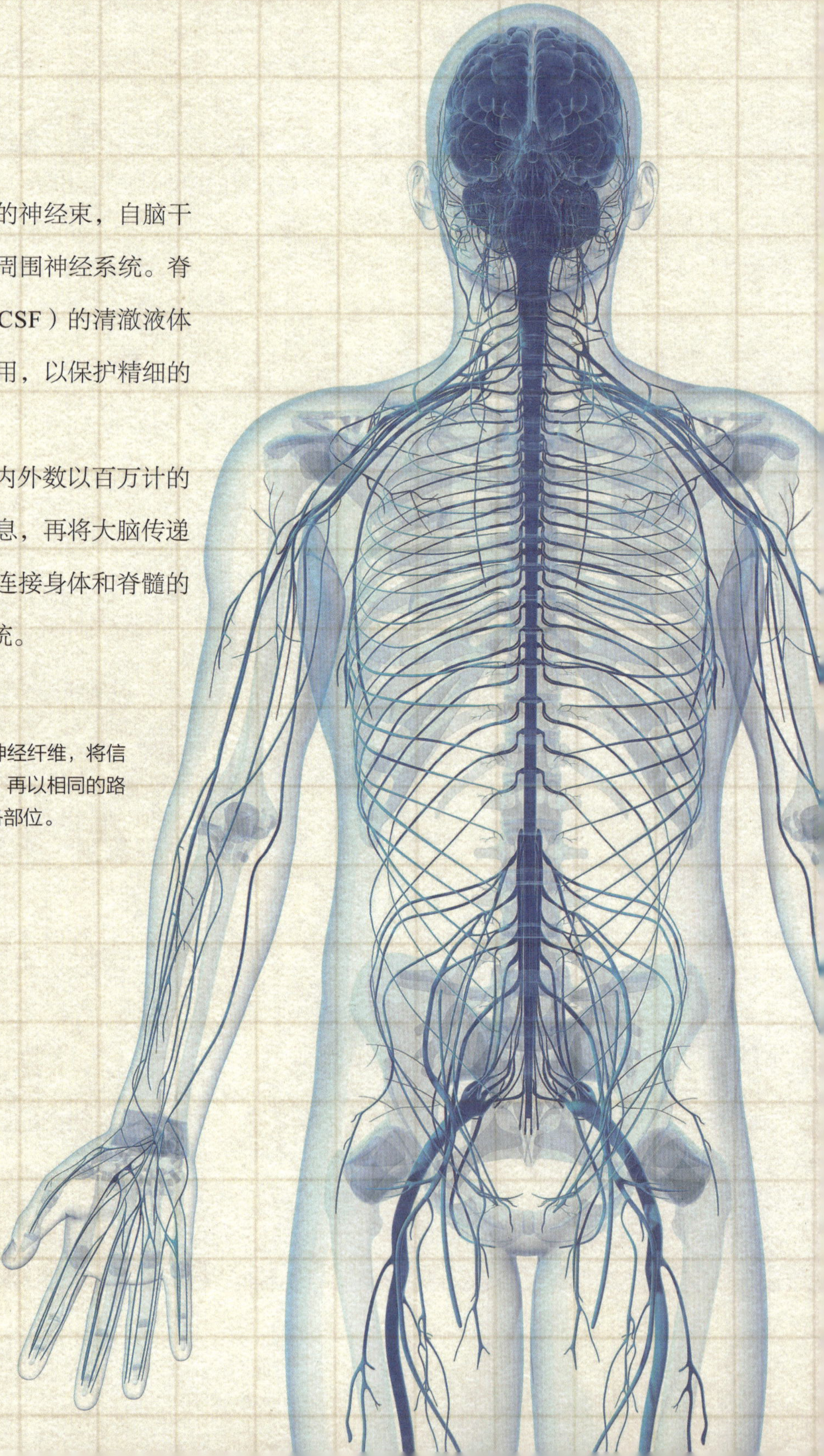

脊髓含有数以百万计的神经纤维，将信息从身体各部位传递到大脑，再以相同的路径将大脑的信息传递给身体各部位。

神经系统

神经系统的基本单位是神经元或神经细胞，它们由能够产生和传导信号的轴突和树突组成。轴突传递从细胞体中发出的信号，而比轴突短的树突则负责向细胞体传递信号。

神经元通过电神经脉冲来交流、发送信息。当电流脉冲沿着神经元传播时，它们并非直接跳过神经元之间的间隙（突触），而是主要通过释放被称为神经递质的化学物质来跨越空隙，传递信号。神经递质由垂体和肾上腺等腺体生成，它可以是兴奋性的（能激活神经元，刺激大脑），也可以是抑制性的（对大脑有镇静作用）。

神经元有三类。运动神经元将来自中枢神经系统（大脑和脊髓）的信号传递到器官、腺体和肌肉。感觉神经元将来自内部器官或外部刺激的信号传递给中枢神经系统。中间神经元则负责在运动神经元和感觉神经元之间传递信息。

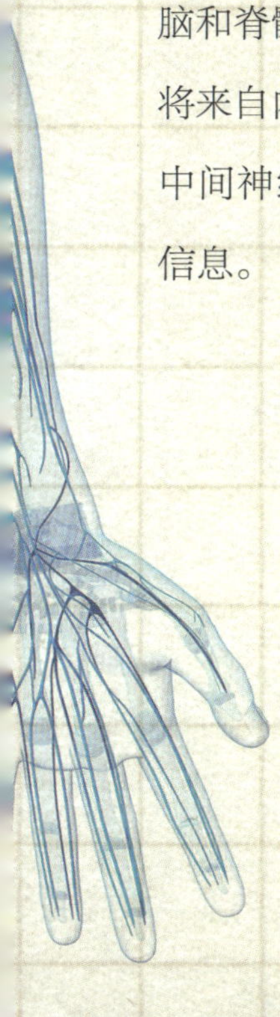

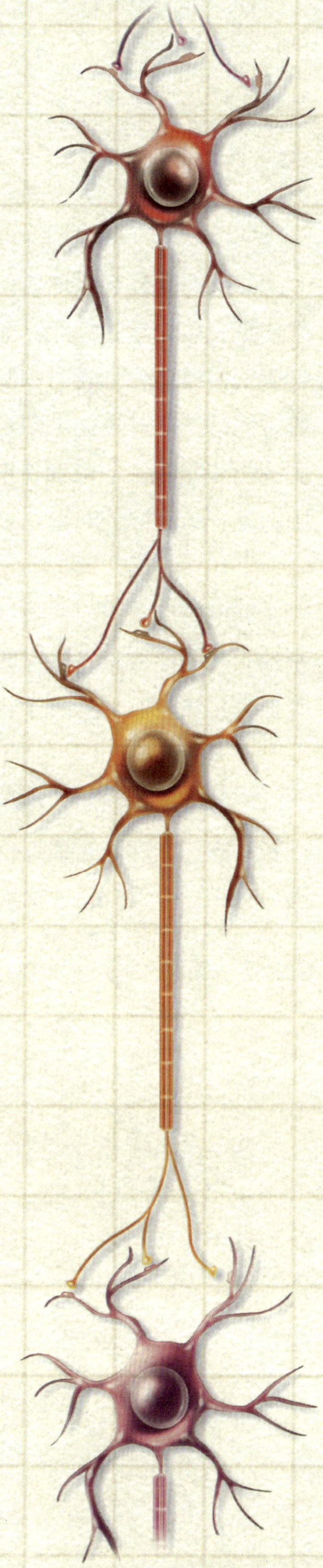

神经元用电流脉冲传递信息，通过释放神经递质来跨越神经系统。

癫　痫

癫痫是神经系统最常见的疾病之一，它是一种大脑神经系统障碍，患有癫痫的人很容易出现反复无常的惊厥。一般来说，当部分大脑接收到一阵异常的电流信号时，正常的脑部电流传播功能会暂时中断，使个体出现癫痫发作（也被称为惊厥）。大脑中任何神经细胞之间的正常连接的中断都可能导致惊厥发作。而就癫痫来说，这种中断可能是由神经递质失衡引起的。与癫痫特别相关的一种神经递质是γ-氨基丁酸（GABA），这种神经递质有助于防止神经细胞“过热”。

癫痫的症状是反复的惊厥发作。受影响的大脑区域不同，就可能出现不同类型的惊厥发作。部分性惊厥发作是因为只有一小部分大脑受到影响，而全身性的惊厥发作则是因为大部分甚至全部大脑都受到了影响。除了这两种惊厥之外，还有各种不同类型的惊厥。

一些严重的惊厥发作可能会损害到大脑。虽然大多数癫痫患者的大脑不会有任何短期或长期损伤，然而的确有一些癫痫患者（取决于他们所患癫痫的种类和惊厥发作的位置）因为癫痫发作（或因抗癫痫药物）而出现记忆、交流或语言问题。

心理评估

除非正在学习心理学，否则在日常生活中，你很难接触到前几页所介绍的内容，它们属于心理学家的“幕后”工作。对于很多人来说，他们与专业心理学的第一次接触，或者最主要的接触，是进行某种心理测量。

心理评估是指心理学家对个体的状态进行评估，或者诊断其是否患有某种障碍及其严重程度的各种测验。然而，并不是每个接受过心理测量的人都患有某种“障碍”。接下来，我们将介绍一些你或家庭成员可能遇到的心理测量。

与工作相关的心理测量

许多人会在求职或工作中的某个时刻，首次（也可能是唯一一次）接触到心理测量。工作场合环境中的心理测量通常被称为心理测验。“心理测量学”一词来源于希腊语“心理”（psukhë）和“测量”（metron）两个单词的结合，它是一种标准的科学方法，用于测量个体的心理能力和行为风格。因此，它们适用于特定的工作或职业评估中。

最常见的心理测验通常用于测量个体的心理（“认知”）能力或性格，但其实心理测验也可以用于测量个体的某种天赋水平，如应对压力的能力。这类测验大部分都是由职业心理学家（见第26页）设计的。

心理/认知能力测验

对心理学家而言，测量认知（心理）能力（或称为智力测验）十分重要。心理学家发现，出于各方面理由，对智力能力不同的人进行区分是很有必要的。许多工作都有一定的智力水平要求，虽然随着现代各种资格认证的出现，这些要求变得不那么重要了。例如，如果某人拥有某个学位，那么我们可能会假定他具有某种程度的智力水平，因而不需要再对他进行额外的智力能力测验。

智力测验的诞生与法国儿童有关。20世纪初，法国政府进行儿童教育改革，想知道哪些儿童从教育中受益良多，而哪些儿童需要额外的帮助。心理学家阿尔弗雷德·比奈（Alfred Binet）和西奥多·西蒙（Théodore Simon）共同设计了一系列问题，旨在区分学业表现良好的孩子与表现不佳的孩子。他们设计的测验被称为

工作场合的心理测量通常出于筛选的目的。

比奈-西蒙智力量表（见第13页），学界普遍认为这是历史上首个智力测验，到今天，它仍是当代智力测验的基础。

比奈-西蒙量表随后传到美国，斯坦福大学的心理学家刘易斯·特曼（Lewis Terman）用美国被试样本进行测试，将其进一步标准化。该版本于1916年首次发表，取名为斯坦福-比奈智力量表，并很快成为美国通用的标准化智力测验。它用于测量单一维度的智力水平，也就是我们俗称的智商或IQ。然而，有些人认为这一测验过于依赖口头表达能力，并不能反映多种形式智力的存在（见第104页）。这个观点促使美国心理学家大卫·韦克斯勒（David Wechsler）于1955年开发了韦氏成人智力量表（WAIS）。这个量表自第一版以来已经经过多次修订，直到今天仍被广泛使用——目前使用的版本是WAIS-IV。

罗夏墨迹测验

罗夏墨迹测验是瑞士心理学家赫尔曼·罗夏（Hermann Rorschach）于1921年开发的人格测验。在施测时，个体会看见一系列墨迹图案，并需要对其进行描述。介于墨迹形状是模糊的，学者认为个体会将自己的人格特性投射到墨迹上去。在20世纪60年代，罗夏是最受欢迎的“投射”测验，但目前已经很少使用。

用“模棱两可的设计”来展示个体人格这一想法，最早可以追溯到达·芬奇身上。他曾经说过，当看到一堵染色的墙壁时，有人看到的是风景，有人看到的是战斗，还有人可能会看到动物。究其原因，是当我们看到一个模糊的、毫无意义的图像（如罗夏测验中的墨迹）时，我们的大脑会试图通过将自身人格“投射”到图像上来赋予意义。

然而，需要说明的是，赫尔曼·罗夏最初开发墨迹测验的目的是将其作为诊断精神分裂症的一种工具。他从来没有打算将其应用于一般人格测验中。当该测验于1939年开始被用作人格投射测验材料时，他对此持保留意见。

罗夏对此的质疑得到了其他学者的认同。这一测验存在的其中一个问题在于，施测心理学家在解释结果时也可能投射自己的观点。例如，如果受试者说他们看到的是一条裙子，一位心理学家可能会将此归类为与性相关的反应，而另一位可能只认为是正常的服装偏好。批评者还认为罗夏测验缺乏评估者间的一致性，两个不同的施测者可能会对同一个人做出完全不同的人格特征解释。

1999年，一位名叫霍华德·加布（Howard Garb）的心理学家呼吁暂停使用罗夏墨迹测验，现在很少再有心理学家用它来进行人格测验。

罗夏墨迹测验出现于20世纪20年代。当时，人们认为可以通过个体对模糊图像的想象来分析他们的人格。现在墨迹测验已经不再适用于此目的。

量表还有相应的儿童版本（见第72页）。

你可能不会在职业评估中接触到WAIS，因为这一测验耗时甚长，并且需要由通过资格认证的人员进行一对一的施测。在人员筛选的过程中，人们还是更倾向于使用能对多个候选人同时进行施测的测验，因为这样耗时较少，且效率更高。WAIS更多地用于在临床环境中的施测。例如，在个体遭受脑损伤后，用WAIS来检测其智力的变化。

工作场所的智力测验通常涉及心理学家所说的流体智力和晶体智力。流体智力指的是抽象思考、推理和解决问题的能力。它和过去的学习、经验及教育没有太大关系。晶体智力是指个体从过去的经验和相关的课程中进行学习，并将这些能力应用于具体情况的智力，它是随着经验的累积而发展的。晶体智力所测量的是已掌握的知识（个体可以提前准备，所以测验结果也是可以被修饰的），而流体智力测量的是解决问题或进行决策的能力，因此个体很难提前做好准备。

如果你要找工作，可能接触到的职场智力测验包括以下几种。

员工能力倾向调查 测试个体口头理解、数字运算、视觉追踪、空间可视化、文字流畅性、口头推理、符号推理、数字推理、操作速度及准确性和视觉速度及准确性等能力。这一测验可以在线进行。

温德利当代认知能力测验 温德利测验评估员工在各类职业中学习和解决问题的能力，它被翻译成12种语言，常用于大

职业测验中存在的伦理问题

一些专家认为，现代心理测验存在潜在的伦理问题，例如：

- 一些测验具有一定的侵犯性，当中会涉及关于残疾、性取向、性行为、宗教信仰或种族背景等问题。
- 并非所有的组织都能认识到对测验结果进行保密的重要性。
- 公司在处理测验结果以及与受试者的沟通上可能存在问题。（例如，受试者可能会因为测验结果而认为自己的性格“不好”。）
- 一些测验的施测过程不合格，或施测人员资质不够。
- 一些心理测验可能会存在对文化弱势群体或残障人士的偏见 。

学、新员工入职和团队合作中。测验包含50个选择题，需要在12分钟内完成，可在线进行。

许多职业心理咨询公司还会使用他们自己开发的认知测验。

人格测验

组织中常用的人格测验包括职业性格问卷（于1984年由Saville & Holdsworth股份有限公司出版），该问卷测量了32种与职业相关的气质类型，并对受测者进行16PF测验（OPP出版）。16PF是业内广泛使用的人格测验，它经由统计分析，从大量的人格测量结果中总结出16种人格特质。另一个常见测验是由OPP出版的迈尔斯-布里格斯类型指标测验（MBTI），该测验旨在衡量人们看待世界的心理偏好以及做出决策的方式。MBTI要求受测者回答一系列“必选”问题，根据作答情况将他们归到十六种类型的结果中去。MBTI的基础测验耗时20分钟，测验后会呈现一个精确的多维度的人格概况结果。

如何在心理测验中取得好的表现？

- 一个好的公司不会突如其来地进行测验，所以你应该会提前收到通知，得知即将参加何种类型的测验，因此你可以在心理和行动上提前做好准备（如确保自己带了眼镜）。
- 事先进行相关的练习。
- 阅读答题说明，确保自己不会错过任何问题，不会忘记作答背面的题目，并把答案填写在答题卡正确的位置。
- 不要试图说谎。许多测验都包含“测谎”功能，因此试图通过说谎来留下好印象是很容易被发现的。
- 放松一点。通常来讲，心理测验只是整个筛选过程的一小部分。

精神健康测验

如果你因为精神健康问题而寻求临床心理学家的帮助（更多关于这部分的内容，请参见第四部分），你很可能需要填写一些量表或问卷来评估目前的状况。常见的量表或问卷包括以下几种：

贝克抑郁量表（BDI） 由阿伦·贝克（Aaron T. Beck）编制的自评问卷，包含21个条目，该量表被广泛应用于测量抑郁症严重程度。

贝克焦虑量表（BAI） 这同样是一份由阿伦·贝克所编制，包含21个条目的自评问卷，它要求患者根据过去一周的状态感受作答。问卷通过评估焦虑的常见症状（如麻木感和刺痛感、出汗以及对最坏情况的恐惧），来衡量个体焦虑的严重程度。

贝克绝望量表（BHS） 同样由阿伦·贝克编制，包含20个条目，由受试者进行自评。量表旨在测量绝望的三个组成部分：对未来的消极感受、动机丧失和对改善的无望感。

爱丁堡产后抑郁量表（EPDS） 产后抑郁症是一种常见的心理健康问题，大约十分之一的女性会受此困扰。EPDS是一个简短的自评量表（仅包含十个条目），但它对高风险的患者有很好的识别效果。量表内容包含临床上抑郁症的一般症状，如内疚感、（不是受孩子干扰所致的）睡眠困难、精力缺乏、快感缺失（无法从以前喜欢的活动中获得乐趣）和自杀意念（这些想法能预示患者自杀的可能性）。

普通健康问卷（GHQ） 用于识别轻度精神障碍的心理测验筛查工具，包含多个条目（目前有12、28、30和60题的版本），每个条目均为4点计分。

压力感知量表（PSS） 这个量表让个体自评在生活中感到紧张的程度。条目旨在评估受试者对自己生活未知性、可控性和负荷感的评价。该量表还包括一些直接评估个体对当前压力水平的感知的条目。

状态-特质焦虑量表（STAI） 这个量表由查尔斯·斯皮尔伯格（Charles Spielberger）开发，是一个4点计分的自评量表，由40个条目组成。它可以测量两种类型的焦虑——状态焦虑（对某件事情的短暂焦虑）和特质焦虑（人格特质层面的焦虑水平）。

焦虑和压力可以使用专门的问卷来测量，这些测量结果有助于治疗师了解问题的症结所在及严重程度，并制定相应的治疗方法。

针对儿童的测验

如果你是一名担心孩子发展的家长，你可能会接触到各种类型的心理评估测验，如测量智力水平的认知评估。这些测验由教育心理学家或临床心理学家进行。常见的有如下几种：

WISC认知/能力测验 韦氏儿童智力量表—第四版（WISC-IV）与成人版（见第65页）一样，是一种用于个体施测的综合性临床工具，用于评估6～16岁儿童的智力水平。评估内容涉及儿童的言语理解、感知推理、工作记忆、处理速度，以及一般性的智力能力。它包括组块设计、相似性、数字组、图片概念、编码、词汇、字母-数字排序、矩阵推理、理解和符号搜索这些分测验，还包含几个备用分测验，包括图片补全，删减、信息、算术和词语推理。因此，它可以较好地识别特定能力中可能存在的缺陷。

康纳斯综合行为评定量表（Conners CBRS）用于评估ADHD症状 注意缺陷/多动障碍（ADHD）是一种精神发育障碍（见第233页）。Conners CBRS并不适用于对大众施测，也不可作为诊断工具（现在还没有针对ADHD的诊断测验），但它可以用作诊断过程的一部分。它包含三个评分量表，第一个由父母填写，第二个由老师填写，第三个则要求青少年对自己的行为评分。

孤独症诊断观察量表（ADOS）是用于测试孤独症谱系障碍特质的量表 它对疑似孤独症谱系障碍的儿童的一些能力进行半结构化评估，这些能力包括沟通、社交互动和游戏（或对物品的想象性利用）等（见第228页）。主试会设置一系列情景，让孩子展现与孤独症诊断相关的社交和沟通行为，通过观察孩子的反应来将他们划分到不同的类别。孩子们通常会喜欢这个测验，因为他们会感觉自己在和主试做游戏。

儿童测验历史悠久，测验结果可以反映儿童的状况，让有需要的家长和教育者及时采取合适的干预措施。

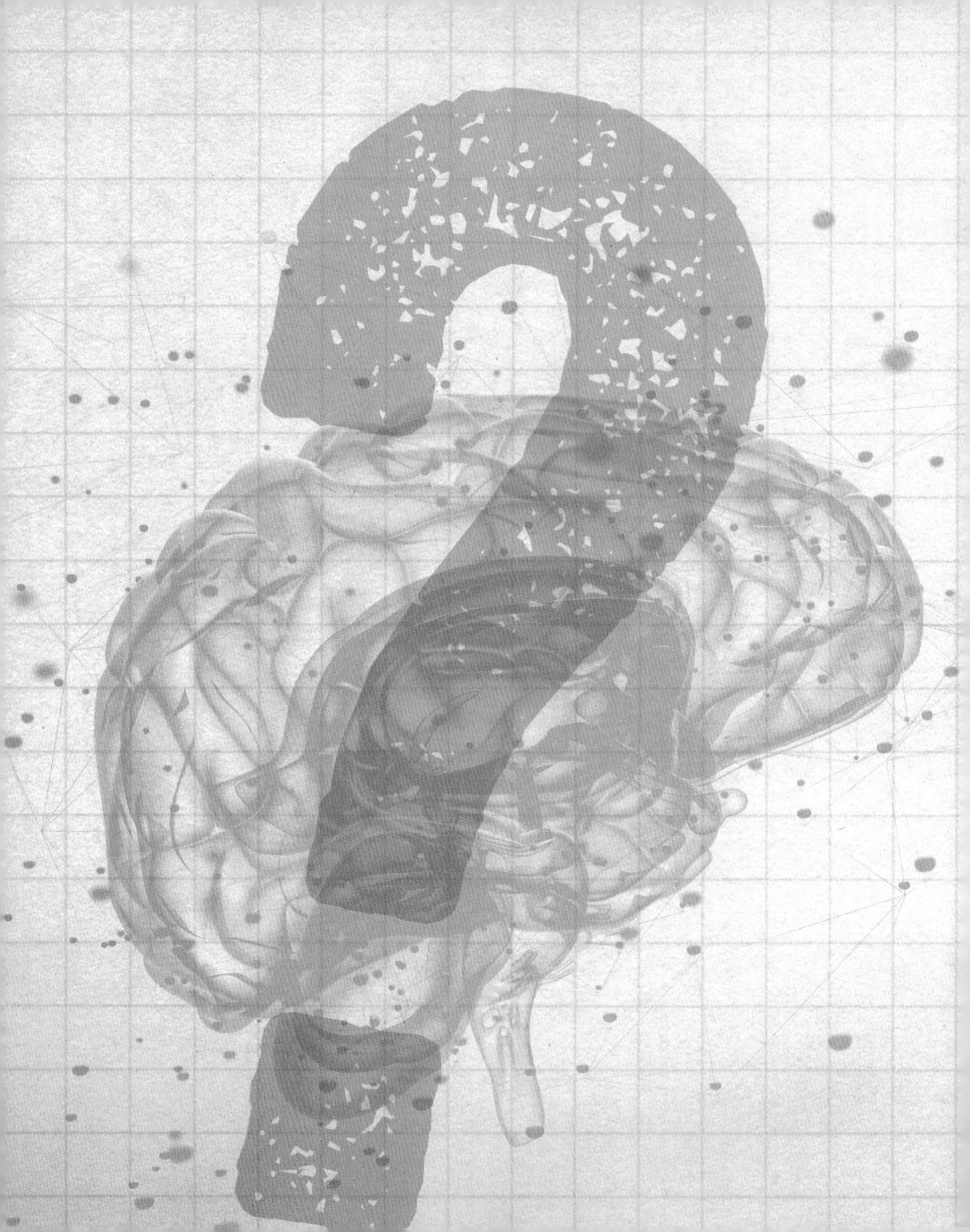

THEORIES THAT HAVE SHAPED SOCIETY

第二部分

塑造社会的心理学理论

我们对人类行为和思想的了解，大部分来自科学家们基于对人类思维的研究所提出的各种心理学理论。在本部分，我们将会介绍其中最具影响力的一些理论。

PSYCHOLOGICAL THEORIES

知觉理论

知觉是人们理解周围环境的过程。心理学家很早就认识到，视觉、听觉、嗅觉、触觉及味觉不仅仅是感觉的物理过程，我们还需要对这些感觉做出解释。例如，我们会知道远处的物体实际上并没有变小，只是看起来更小而已。又如，就算从侧面看硬币，我们仍然觉得看到的是圆形。知觉还让我们能够理解单词，而不是单纯地将它们看作单个字母的集合。同样，我们也会将人看作一个整体，而不是身体部位的集合。下文概述了一些主要的相关理论，可以帮助解释我们是如何看待或理解周围环境的。

知觉完型理论

格式塔心理学（又叫完型心理学）试图把世界理解为有机整合的整体，而不是各组成部分的简单总和。知觉完型理论发展于20世纪30—40年代，这一理论认为，我们有不断尝试将各种物体组织起来的倾向，从而做到见微知著。在这个过程中，各种用于“组织”的“原则”应运而生。例如，接近性原则让距离更近的事物被视为一体；相似性原则规定，具有相似视觉

知觉完型理论认为，我们试图通过寻找连贯的图案或形状来理解世界。所以，当看见图中这朵云时，有些人可能会立即联想到一头大象。

我们都知道埃菲尔铁塔不止这么小，因为我们会用恒常性原理来进行解释。

特征的东西会被归为一类，这些特征包括形状、大小、颜色、质地、价格或方向；良好延续性原则意味着我们更喜欢图形以连续而不是单独的方式出现（所以我们会将X看作一个字母而不是四条线段）。知觉完型理论也解释了为什么我们倾向于把云朵看成面容或其他已知的任意形状（见第78页）。

吉布森的直接知觉理论

美国心理学家詹姆斯·吉布森（James Gibson，1904—1979）是20世纪视觉知觉领域最重要的心理学家之一。吉布森希望探讨“我们如何看待世界”这个问题。针对这个问题的理论已有很多，他也提出了自己的见解。1966年，他用“可供性”理论回答了这个问题。“可供性”是物体或环境本身具有的特质，它会告诉人们物体或环境所能提供的机会或行为（例如，深色的阴影意味着你有机会避开阳光；旋钮暗示了旋转的动作；绳索代表了拉扯；厚厚的坐垫意味着坐上去会很舒适）。这些可供性带给我们线索，帮助我们理解所见的东西意味着什么。吉布森相信“感觉即知觉”，我们并不需要专门去分析我们所看到的东西，因此他的观点被称为直接知觉理论。

吉布森还认为，我们会借助环境线索来理解所知觉到的东西，他将这称为“不变性”。虽然我们的眼睛无时无刻不在知觉着的光阵似乎是不断移动的，但我们会将其解释为静态的，不随行动而变化。

人脸的空想性错视

（为什么能从面包里看见耶稣的脸？）

在随机形状中看见面孔这一现象被称为人脸的空想性错视，如在面包片中看见名人的面孔、将云朵看成人头，或在照片中看到“鬼魂”。这是因为我们在理解世界的过程中，倾向于在随机的形状、点或线之间建立起联系。而对我们来说，识别人脸是本能的、与生俱来的能力，这解释了为什么有那么多人会在随机的形状中看见面孔。又因为名人的面孔印刻在我们的脑海深处，所以在最不可能的地方“发现”耶稣、圣母玛利亚或猫王的报道屡见不鲜。例如：

- 1994年，来自佛罗里达州的戴安娜・杜塞尔（Diana Duyser）在烤面包片上“看到”圣母玛利亚。她将这一神圣的面包片保存了十年，然后在eBay上拍卖，售价约28000美元。
- 2009年，威尔士伊斯特拉德的艾伦一家在砂锅盖的背面发现了耶稣的面孔。
- 2002年，大约2万名基督徒前往班加罗尔参拜并燃烧有基督图像的薄煎饼，还有许多参观者向神圣面包进行祈祷。
- 2012年，模样像乔治・华盛顿的鸡块在eBay上出售，售价超过8100美元。
- 2013年，一个形似希特勒的茶壶在社交新闻网站Reddit上引起广泛关注，美国百货公司JC Penney随后将其售出。

所有这些例子均展示了“自上而下”的信息处理过程，在这一过程中，我们用更高级的解读方式来解释所受到的视觉刺激。

澳大利亚布里斯班Posh比萨饼店的员工利用空想性错视，在三层奶酪比萨上“制作”出耶稣的面孔。这种比萨后来被称为“耶稣奶酪比萨”。

因此，即使视觉对象看起来有增长或缩减，我们仍会将其大小视为一致的或“不变的”。

乔治的自上而下知觉理论

英国心理学家理查德·乔治（Richard Gregory，1923—2010）不同意吉布森提出的“自下而上”的处理过程，即不必去分析知觉到的东西。与此相反，乔治认为我们必须先处理感官信息，才能进一步进行理解。因此，他于1970年提出的理论被称为“自上而下”的知觉理论。对乔治而言，知觉仅仅是一种假设，是我们借由先验知识和过去的经验对当下看到的东西进行的推断。虽然我们的假设通常是正确的，但有时也会出现错误——这就解释了视觉错觉出现的原因，尤其是看到像纳克方块一样模棱两可的东西（见下图）。

纳克方块：哪一面是正面？

纳克方块是一个盒子状的视错觉图像，由瑞士晶体学家路易斯·艾伯特·纳克（Louis Albert Necker）在1832年发表的论文中首次提出。由于大脑可以在两个不同的视角之间转换，所以我们从两个不同的角度都可以看到盒子的正面。据理查德·乔治解释，这是因为我们试图在两个可供选择的假设之间做出决定，来理解我们看到的视觉形象。当然，图像实际上是保持不变的，只是大脑对它进行了翻转，因此这也是一个“自上而下”的处理过程。

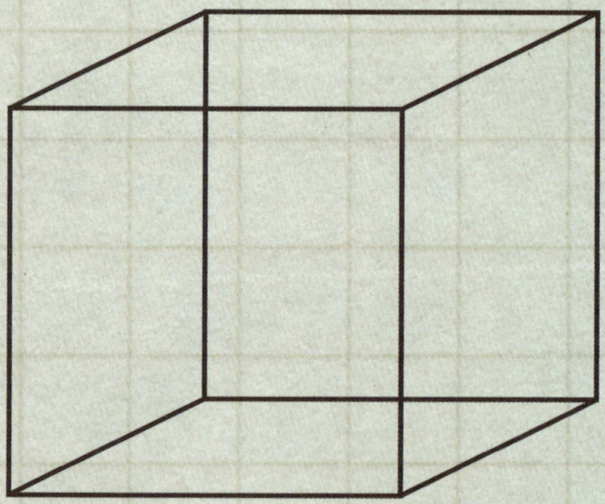

痛觉理论

与其他知觉形式相比，我们对痛觉了解甚少。疼痛似乎不仅是一种感觉，因为对不同的人来说，即使同样的疼痛，感受到的疼痛程度也会因人而异。我们将在下文讨论三个最著名的痛觉理论，尽管它们没有一个能够对疼痛知觉做最全面的解释。

特定性理论　这是现代最早解释我们如何感知疼痛的理论之一，由奥地利生理学家马克西米利安·冯·弗雷（Maximilian von Frey）于1895年提出。根据这一理论，特定的疼痛接收器（如热、冷或皮肤刺激接收器）将信号传输到大脑中的“疼痛中心”，由这一中心“制造”疼痛的感觉。疼痛可能经由不同的神经纤维传播，这会让不同刺激导致的疼痛感有别。但是，这一理论并未解释个体间对疼痛感存在差异的原因。

揉捏或舒缓受伤的手臂会干扰传递至大脑的疼痛信息，从而减轻疼痛。

模式理论 这一理论是戈德施奈德（Goldschneider）于1920年提出的，他认为不同的疼痛信号存在不同的模式，大脑会将这些模式解读为不同类型的疼痛感。个体之所以感受到疼痛，是因为感受到高强度的刺激（如被掌掴和被轻抚的感觉是不一样的，前者才会被知觉为高强度刺激），而这种对刺激的激活阈值（指刚好能感觉到刺激的强度）因人而异。

阀门理论 罗纳德·梅尔扎克（Ronald Melzack）和帕特里克·沃尔（Patrick Wall）在20世纪60年代提出了阀门理论。它试图解释大脑通过“自上而下”的路径对疼痛知觉造成的影响，以及“自下而上”的刺激对缓和疼痛知觉的作用。该理论认为，脊髓中有一个“阀门”，或者说一个控制系统，所有关于疼痛的信息在到达大脑之前必须通过该阀门。有时候，其他感觉可能会使阀门关闭，这就阻止了个体知觉到痛苦。这一理论可以解释为什么揉捏被刮伤的膝盖或胳膊肘能消减疼痛——揉捏所传递的神经信号能在脊髓处干扰膝盖刮伤导致的疼痛信号的传播。换句话说，触觉信息可以阻止或减少通过控制中心的疼痛信息。当身体的某个部位存在疼痛时，疼痛信号沿着周围神经进行传播，最终通过脊髓传输至大脑。然而，在脊髓处，可能还有着来自身体周围许多不同类型的感觉（如触觉、振动觉和冷热觉），所有这些信息会彼此“竞争”，争相到达大脑。（有关如何舒缓疼痛的内容，见第272页。）

幻肢疼痛

美国神经学家塞拉斯·威尔·米切尔（Silas Weir Mitchell）在1871年首次提出“幻肢疼痛”这个术语，指的是个体感受到身体不再存在的部分（如被截去的肢体部分）的疼痛或不适。据报道，大多数截肢者（约80%）在生命中的某个时候都会产生这种幻觉，但很少人知道原因。科学家们曾经认为这种痛苦是“心理上的”，但现在专家们认为，这是由脊髓和大脑造成的真实感觉。

一些理论家曾经认为，幻肢疼痛是由神经瘤（神经细胞鞘上的良性肿瘤，在少数情况下也可能是恶性的）引起的，神经瘤是截肢段神经受损后形成的组织。一般认为神经瘤会引发异常动作电位（神经电反应发生改变，在不该发送信息的时候发送信息），造成幻肢疼痛。然而，现在大多数研究人员认为，疼痛并非来自截肢部位，而是大脑对混合信号的反应带来的。个体失去部分肢体后，脊髓和大脑中截肢区域的神经也失去了相应的输入，大脑因而会以不可预知的方式对这种损失进行调整。这样一来，当身体感觉有些东西不太对劲时，最基本的疼痛反应可能就会被触发。

大脑有可能重新映射身体与缺失肢体相关部分的感觉回路，并将其分配给身体的其他部位（神奇的是，一般情况下都会是面部）。换言之，由于截肢区域不再能够接收感觉输入，因此别处的信息可能被引用过来，如从缺失的手臂转换到现在还存在的面颊。所以当触摸面颊时，会产生已缺失的手臂似乎也被触摸的感觉。这种信息的混淆也可能对个体造成痛苦。

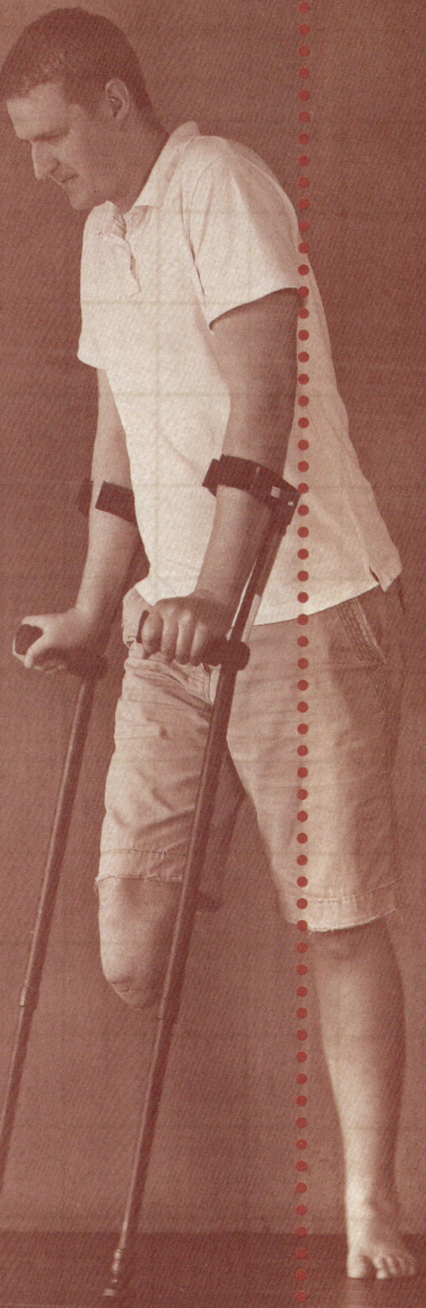

注意理论

知觉只对我们关注的信息起作用，如果没有注意到某一刺激，就无法产生相应的觉察。心理学中有一些影响深远的理论，有助于解释为什么我们能注意某些刺激却忽略其他的。这些理论还考虑到了环境因素在注意中的作用。

布罗德本特的注意过滤器模型

唐纳德·埃里克·布罗德本特（Donald Eric Broadbent，1926—1993）是一位英国心理学家，他率先对选择性注意（只注意部分刺激而忽略其他）做出了解释。许多有关选择性注意的理论都认为，大脑中存在着某种过滤器或瓶颈，阻碍了某些信息的通过。1958年，布罗德本特声称人体存在一种他称为感觉缓冲区的过滤机制，该机制位于信息登记系统和短期记忆存储区之间。那些被允许通过过滤机制的信息，会根据最重要的特征得到进一步加工。因为我们处理信息的能力有限，这个过滤机制可以避免信息处理系统过载。一开始未能通过过滤机制的信息，会在感觉缓冲区里短暂停留，如果一直没有得到处理，这些信息就会迅速消失。

唐纳德·布罗德本特在皇家空军服役期间，对选择性注意产生了兴趣。他发现行动中的沟通障碍通常是由注意力和记忆等心理因素引发的，而不是因为设备或技术等物理原因。

鸡尾酒会效应

大家一定都试过在喧闹的派对中与身边的人对话。实际上，我们能进行这种沟通是件奇事，这意味着我们能够设法过滤掉所有的背景噪声，专注倾听对方在说什么。而如果这个时候，有人在房间的另一边突然提到我们的名字，我们的注意力会立刻转移到对方的声音上，但对于其他人说的别的话，我们可不会这么敏锐。这一现象被称为“鸡尾酒会效应”，在1953年由科林・切瑞（Colin Cherry）发现提出。显然，我们是在某种程度上对周围的声音刺激进行了处理，才可能在这种情况下听见自己的名字。

我们的注意力像金鱼一样吗?

据科学家称，当今社会智能手机和其他设备的广泛应用，使人类的注意力比金鱼还短。微软研究人员利用脑电图研究了加拿大被试的大脑活动，他们发现，人类的平均注意力时长从2000年的12秒降至2015年的8秒，而这段时期大约正是移动革命开始发展的时期。这样说来，人类的注意力就比有着9秒注意力的金鱼还短了。注意能力的下降被归咎于人们越来越依赖借助电子设备来观察快速变迁的世界。

特里斯曼的注意力衰减模型

出生于英国的安妮·玛丽·特里斯曼（Anne Marie Treisman，1935年生）是选择性注意领域的专家，她持有与布罗德本特不同的观点。她在自己的“衰减模型”中提出，布罗德本特所提到的过滤器并没有把刺激直接消除，而是使刺激衰减了（或者说“调低”了刺激的音量），但刺激本身仍然可用于进一步处理。因此，如果一个房间里出现了几个相互竞争的声音（如电视机的播放声、孩子们的争吵哭闹声），我们可以降低其他所有噪声的音量，集中于我们正在关注（或想要关注）的东西上。这一理论能够解释为什么我们在一堆噪音之中能立刻注意到自己的名字，也解释了“鸡尾酒会效应”存在的原因（见第85页）。所有信息刺激必须达到一定的阈值或程度才能通过过滤器，而那些被选定的（我们希望注意的）信息更可能达到这一阈值。某些声音信息会有较低的阈值，如自己的名字，或诸如“救命”“着火了”这些信息，因此我们在嘈杂的背景下仍然听得见这些声音。

注意中心

网状激活系统（RAS）是大脑的注意中心。该系统由许多连接脑干和前脑（见第57页）的上行及下行的神经纤维组成，负责“唤醒”大脑，使我们从睡眠状态进入高度警觉和专注的状态。RAS能对所有接收到的信息进行筛选，确定哪些信息是重要的，哪些是不重要的。如果RAS受损（该区域位于头部后方，特别容易受伤），患者可能会陷入昏迷状态。RAS的异常也与一些注意力障碍（如ADHD）和慢性疲劳综合征有关。一些药物也可能对RAS造成影响，如麻醉剂可以“关闭”部分RAS功能。

PSYCHOLOGICAL THEORIES

记忆理论

记忆是一切的核心，它关系到我们如何说话、走路、学习及感受。我们所说的记忆实际上是一个三阶段的过程。

1. 信息编码（将信息放到记忆中去）

2. 信息储存

3. 记忆检索

大多数记忆理论都关注信息的储存方式和检索方法。在本书中，我们将介绍三个重要的记忆理论。（有关如何改善记忆的技巧，见第277页。）

阿特金森和谢夫林的多贮存模型

根据理查德·阿特金森（Richard Atkinson）和理查德·谢夫林（Richard Shiffrin）在1968年提出的模型，记忆存储系统主要有三种。

感觉记忆 该系统在记忆过程的初始阶段起作用，我们所感知到的信息仅能被“存储”很短的时间——视觉刺激小于0.5秒，听觉3～4秒，因为这些信息都是“原始的”（未经处理的）。

短时记忆（STM） 又称工作记忆，具有动态性的操作特点。短时记忆的能力也是非常有限（见右页）的，信息在短时记忆中可以持续储存20～30秒。我们可以通过重听（重复）信息来将它们保留更长的时间，但如果不进一步注意这些信息（对信息进行思考），让其进入下一阶段长时记忆当中，信息就会被遗忘。

长时记忆（LTM） 长时记忆的存储量几乎是无限的，并且记住的信息也将延续终身。然而，这并不意味着人们能够一直记得长时记忆中的内容，因为人们有可能不能将其检索出来。

7 ± 2

短时记忆的容量非常有限。乔治·A. 米勒（George A. Miller，1920—2012）在贝尔实验室工作时进行了相关的实验，实验证明短时记忆只能存储大约7±2个组块。米勒的这篇著名论文的标题就是《神奇的数字7±2》（*The Magical Number 7±2*）。我们可以尝试使用一种被称为“组块”的方法来增加短时记忆容量，即将小块信息组合成更大的整体。但是，我们最多只能记住7个左右的组块。

试一试

以下是一份数字列表，试着花几秒时间记住每组数字，然后将其盖住，写下你能记得的所有数字。当需要记忆的数字串变长时，尝试使用“组块”的方法来帮助记忆。

687	9752712
3095	968473582
98462	984746352417
847256	374652830372525

大多数人应该很容易记住前五个数字，但越到后面越难。能记住最后一行数字的人可以被叫作记忆天才了！

巴德利和希奇的工作记忆模型

1974年，基于阿特金森和谢夫林的短时记忆模型（见第88页），艾伦·巴德利（Alan Baddeley）和格雷厄姆·希奇（Graham Hitch）提出了另一种短时记忆的替代模型，又称工作记忆。他们认为短时记忆由几个子系统组成，每个子系统负责一种专门的功能。其中最关键的是“中枢执行”子系统，它本质上充当了感觉存储区的角色，将信息传送给“语音回路”（处理听觉信息）或“视觉空间模板”（处理视觉及空间信息）。2000年，巴德利进一步发展了该模型，引入第三个部分——“情景缓冲器”（它负责处理跨领域的信息，如形成视觉、空间及语言信息的整合单元，并按时间顺序进行处理）。

举个例子，假设你出去吃晚饭，账单是35.50欧元，你们一共三个人。每个人应该付多少钱？（在脑海中进行计算！）

计算过程会使用到你的工作记忆。例如，你可能会先用30来除以3，然后在脑中记住10这个结果；接着用5除以3，再用50除以3。你得加总记忆中每一步的答案来得出最终结果。所有这些都会运用到工作记忆，它的功能就像是一种工作空间或一块虚拟黑板。

（如果你能很轻松地解答这个问题，那说明你的工作记忆功能很好。但若是有些困难，也不要担心，你的工作记忆能力可能只是受到了数字操纵能力的限制。）

克雷克和洛克哈特的加工层次模型

这个记忆存储模型比之前提到的模型更重视长时记忆的影响，特别是长时记忆的处理过程。多贮存模型（见第88页）认为信息通过“重复”这一方式从短时记忆转变为长时记忆。

这一模型认为，我们处理信息的深度或水平，不仅决定了它是否会被存储到长时记忆中，还决定了我们在之后能回忆起多少内容。换句话说，对信息进行思考——如考虑一个事件或考虑相关问题的解决方案——能够帮助我们在没有重历这件事（重复我们脑海中的文字或事件）的情况下记住它。

主人与奴隶

巴德利和希奇提出的工作记忆模型中包含的元素，可以看作是一个控制欲很强的主人（“中枢执行系统”）在命令和指挥奴隶们（语音回路和视觉空间模板）。中枢执行系统全权控制其他系统的行为；没有主人的允许，“奴隶”就无法做任何事情。中枢执行系统具有最高执行权，可以决定注意什么和优先注意什么，如要先注意视觉输入而不是听觉输入。像其他领导一样，中枢执行系统会将许多基础工作（如数据收集）指派给助手完成，自己则作为一个监督者来协调各类活动。

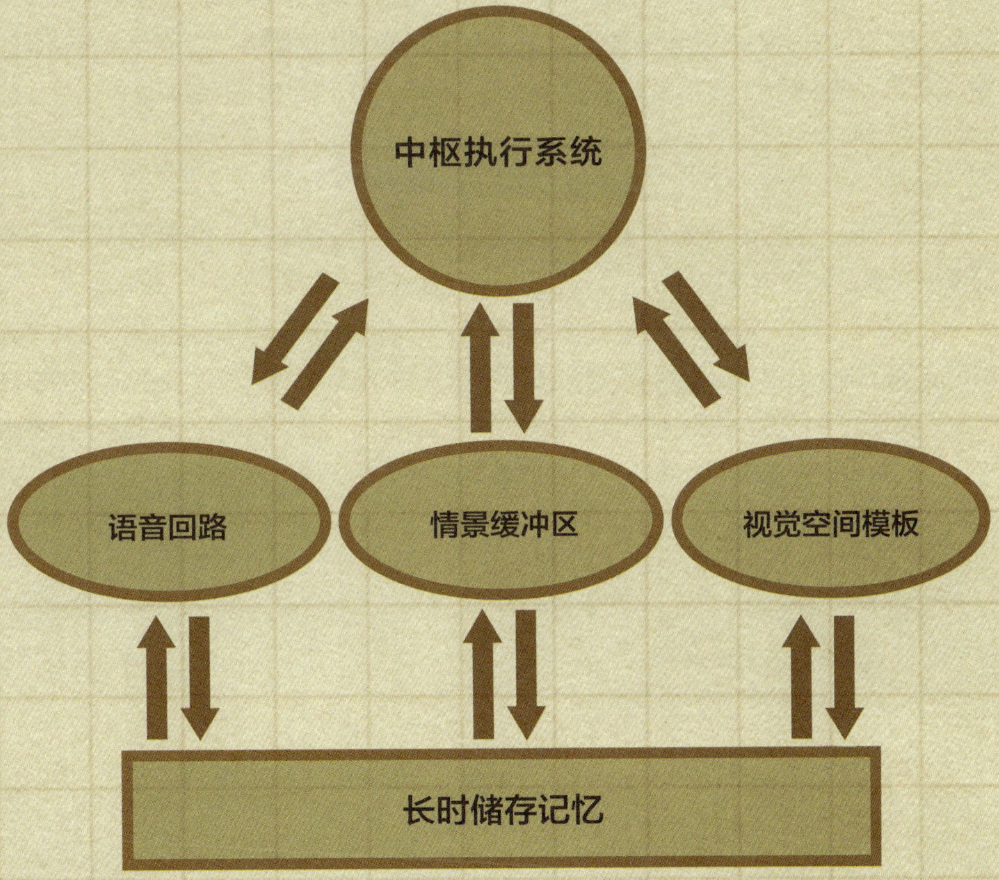

虚假记忆

心理学家不仅对我们记忆和遗忘的过程感兴趣，也关注我们为什么会回忆起从未发生过的事情（这被称为虚假记忆）。

1974年，心理学家伊丽莎白·洛夫特斯进行了一项实验，参与者被随机分配观看不同的车祸视频，每个视频中的车分别以20英里/小时（32千米/小时）、30英里/小时（48千米/小时）和40英里/小时（64千米/小时）的速度发生碰撞。随后，参与者需要参加调查，回答“车辆相撞时的速度是多少”。每个人看到的问题是一样的，但用于描述碰撞的动词会在“撞毁”“冲撞”“碰撞”“撞击”或“接触”这几个词之间变化。如果参与者是根据视频中实际显示的速度来作答，那么他们在看到低速碰撞的画面后，应该会给出较低的估计值。然而，结果表明，参与者对速度的估计，是基于用于描述车祸的词语（如撞毁或接触），而不是视频里显示的速度本身。

该实验表明，问题的措辞会导致个体产生虚假的记忆。事实上，即便是问题中一个词语的微小调整，都会造成虚假记忆。例如，询问某人是否看到“那个”停车标志，而不是“一个”停车标志，会让对方假定他们尝试回忆的场景中是有停车标志的，他们也因此更有可能“记得”自己看到过它。同样，询问“她的衣服是哪种红色”，这实际上已经假设这件衣服是红色的了，所以人们会“记得”它是红色的。而如果问某人“枪手有多高”而不是“他的身高是多少”，将使人们回答更高的身高估计值。所有的这些都表明，记忆是可以被轻易操纵的。（更多关于虚假记忆的内容，见第176页。）

测测你的工作记忆

这是一个对工作记忆能力的测试。计算以下式子的结果，在看见词语时，大声读出来，再接着计算下一个式子。

67 + 87 =	456 + 498 =
夹克	发夹
897 + 45 =	65+8+23=
水	发动机
76 – 23 =	23+56+29=
字母	电话
732 + 64 =	76–43=
动物	笔记本

现在，盖住上面的内容。你还能记得多少词语？如果你能记得五个或五个以上词语，说明你的工作记忆效率非常高。如果你很多都不记得了，也不用担心，因为大多数人都记不住。

KF

1970年，沙力克（Shallice）和沃林顿（Warrington）对一名叫作“KF”的著名病患进行了研究。众人对KF的情况不甚了解，只知道他因摩托车事故导致脑损伤，短时记忆出现了问题。

他的记忆障碍有力地支持了工作记忆模型这一观点，因为他的主要问题就出在回忆语言信息上（而视觉信息的记忆基本不受影响）。这表明大脑中存在着不同的系统，用以储存不同模式的信息。

1972年，费格斯·克雷克（Fergu I. M. Craik）和罗伯特·洛克哈特（Robert S. Lockhart）提出，不同信息加工过程的深度是有差异的，其中有些加工会比其他的更复杂，这被称为深层次的语义加工过程。他们还认为，学习信息的方法对信息的回忆非常重要。例如，对材料进行归类来学习有助于之后的回忆，因为这能为不同的材料赋予不同的特点。此外，具有更多相关信息的材料也更容易被记起来。

舌尖现象

大家一定都很熟悉“话到嘴边，却就是说不出来”的沮丧感，这和单纯忘记某些东西是不一样的。出现舌尖现象时，我们能强烈地感到自己只是暂时忘记了这个词，迟早是能想起来的（而且每当停止尝试回忆时，通常就能想起来）。我们通常记得这个词的特征，如它第一个字是什么或者听起来像什么，或者甚至说出一个相似的词。这种现象的出现不分性别、年龄或教育水平。单语种、双语种和多语种的人都有一样的体验，就连在使用手语的聋哑人身上也会出现。

有一种解释是，虽然我们知道这个词存在，但某些东西会妨碍、干扰或阻止大脑对目标词的检索，或者因为这个词各个元素之间的联系太过薄弱。词语包含几种类型的信息，包括字形、声音和含义，这些信息虽然被保存在不同的记忆部分中，但彼此之间是相连接的。当我们想起一个词时，通常随之会想起它的含义。如果含义与声音信息之间的联系不够强，那声音信息将无法被充分激活，从而难以检索相关的信息。

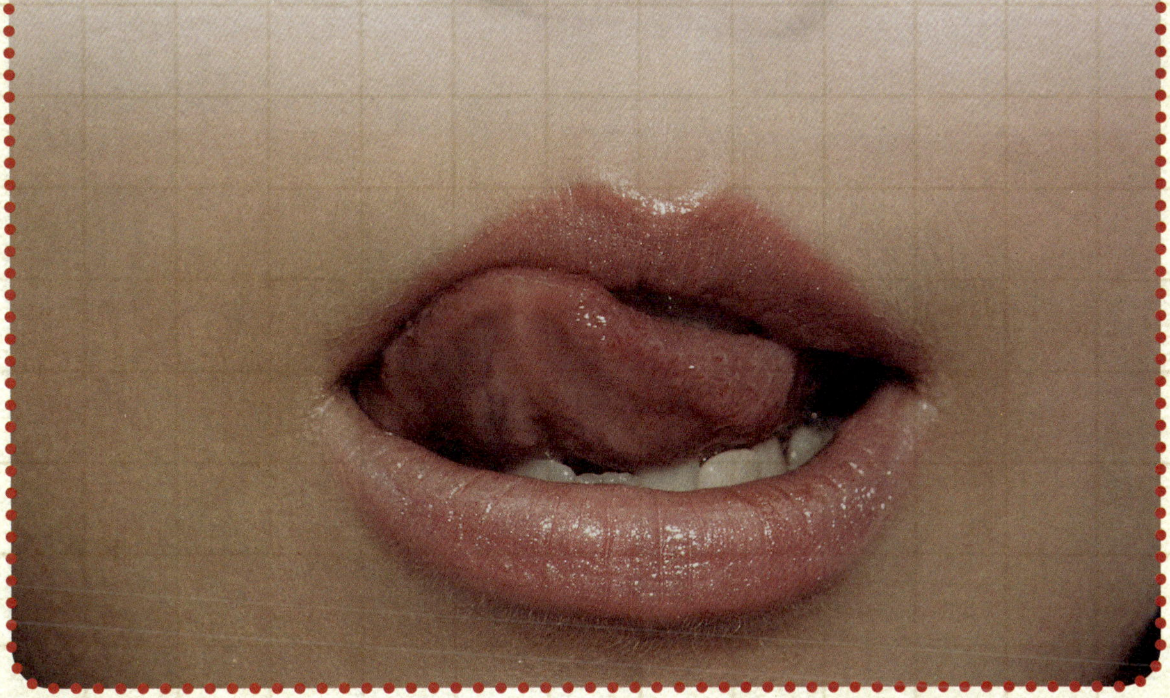

学习理论

学习的定义是，行为在经验的作用下发生的相对持久的变化。学习起源于行为主义，后者是由美国心理学家约翰·华生提出的心理学取向，其关注的是可以被观察和测量的行为（相对于无法被测量的内部精神过程）。华生设计了小艾伯特实验，我们会在第148页对这个实验进行讨论。他的理论基于这样一个观点：所有行为都是通过我们与环境相互作用时形成的条件反射习得的。他定义了两种类型的条件反射：经典条件反射和操作条件反射。行为主义的观点认为这两种条件反射是一切学习的基础。

1914年，伊万·巴甫洛夫及其军事医学院的同事将狗作为实验对象进行观察，从而提出了经典条件反射理论。

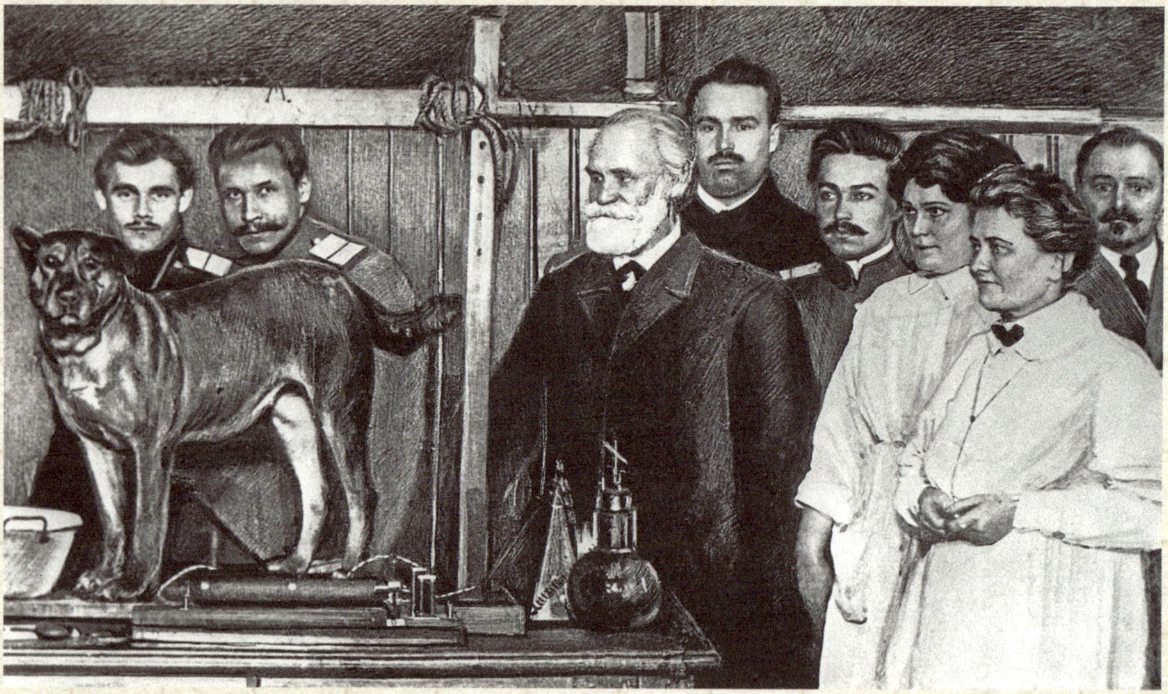

经典条件反射理论

经典条件反射理论也叫巴甫洛夫条件反射理论，因为它是由科学家巴甫洛夫首先发现的。伊万·彼得罗维奇·巴甫洛夫（Ivan Petrovich Pavlov，1849—1936）是一位俄罗斯生理学家，因为对狗的研究而闻名。巴甫洛夫最初对狗的流涎反应感兴趣，他发现，狗会对食物流口水（自然反应），但若在呈现食物之前鸣笛，狗会将笛声和食物的出现联系起来，从而在笛声响起时（即使没有食物）流口水。他将这一现象命名为条件反射。在这个例子中，狗对笛声形成了流口水的条件反射。人们普遍认为，巴甫洛夫总是将笛声作为即将投食的信号。但实际上，根据他的著作记录，除了笛声之外，他还使用了各种各样的刺激，包括电铃、口哨声、节拍器、调音叉和一系列视觉刺激。

这么看来，经典条件反射其实也是一个学习的过程。在这个过程中，原本中性的刺激（不会引起生理反应的刺激）与会引起生理反应的刺激建立起了联系。

现实中的经典条件反射

（为什么某个阶梯教室会让我想起巧克力棒）

当我还是一名心理学专业的大学生时，我选修了广告心理学课程。当时有一个小组任务要求我们选择一个广告在课堂上分析。我选择了一个巧克力棒的广告，于是在那门长达两小时的课上，我满脑子都是巧克力棒，然后就开始非常渴望真的能来一块（你可以想想自己想吃一块美味的巧克力时是什么感受）。在接下来的一周，即使我们已经开始讨论另一个完全不同的主题了，但只要一走进教室，我就想吃巧克力棒，之后的每一节课都是如此。结果就是，我在那个学期里真的吃了很多巧克力棒（这说明，即使你知道条件反射背后的机制，也不会因此就逃过它的影响）。

操作性条件反射理论

经典条件反射指的是无意识的、自动化的行为（如流涎）和刺激（如钟声）之间建立的关联；而操作条件反射指的是在行为之后进行奖励或惩罚，它侧重于强化或消退无意识行为。与经典条件反射（个体不必主动去做任何事情）不同，操作性条件反射要求个体积极参与或执行某种行为，以获得奖励或避免惩罚。

大多数人提到操作性条件反射时会想到斯金纳（见第29页），但他的理论其实是建立在爱德华·桑代克著作的基础上。桑代克因在19世纪80年代后期用“迷箱”对动物行为进行研究而闻名。正如第35页所提及的那样，迷箱是一个笼子，猫被放在笼子里，若想获得奖励（食物），它必须设法从笼中逃出。笼子里有一个控制杆，每当按下控制杆时，笼门就会打开。一开始，猫会经历多次失败的尝试，直到某次它意外地按下控制杆，发现笼门打开。这种“意外”发生几次之后，猫就能意识到按压控制杆和开门之间存在联系。这样，它就学会了每次在被放入笼子时，都迅速地去按下控制杆逃出笼子。这就是桑代克的效果律：如果行为能带来令人满意的结果，那么在类似的情境下该行为重复出现的可能性将会增加；反之，如果行为会带来不尽满意的结果，那么这个行为重复的可能性将减少。

桑代克设计了一个特殊的笼子，研究者可以观察到笼子里的猫是如何学会逃生的。

大约半个世纪后，斯金纳以桑代克的研究成果为框架，提出了操作性条件反射的原理。斯金纳创造了一个较小的桑代克迷箱，并称之为操作性条件反射室或斯金纳箱。斯金纳箱内有一个控制杆（给老鼠用）或一个圆盘（给鸽子用）。如果动物按动控制杆，就能掉出食物，并且食物的掉落量会随着按动频率增加而增加。根据实验的结果，他提出了四种类型的条件反射。

积极强化　指某个行为因为获得奖励而得到强化（更有可能继续）。例如，一个孩子因为顽皮而得到他人注意，而他自己很享受被人注意，就更可能再次去调皮捣蛋。

消极强化　指不愉快的感受消失，使行为得到强化（更有可能继续）。例如，当我们感到冷时，穿上毛衣可以变得暖和，之后我们就学会通过多穿一点来抵御寒冷。

通过多穿衣服来抵御寒冷是消极强化的表现。在这个过程中，我们学会去采取某些行动（穿衣服），来消除不舒服的感受（寒冷）。

惩罚 指行为因造成不愉快的后果而被削弱（更不可能继续）。例如，狗因为把家里弄脏而受到惩罚，它就明白不能再把家里弄脏。

消退 指已经习得的行为因为强化的停止而终止。例如，如果不再被支付工资，我们将不再继续工作。

罚抄是一种惩罚，它是在孩子们做出（至少对成年人来说）不被认可的行为后发生的消极事件。

强化有着不同的应用模式。例如，可以在目标行为每次发生后都给予强化（即连续强化）——这一方式在塑造新行为时最为有效；或者只是偶尔对目标行为给予强化（间隔强化）。在间隔强化中，可以在目标行为持续一定时间后给予强化（如每两分钟后），这被称为定时距式强化；也可以在持续随机一段时间后给予强

化，即变时距式强化。间隔强化的另一种形式是基于比率的，它强调目标行为执行的次数，在执行了一定次数的目标行为后给予的强化被称为定比率式强化，而在执行随机次数的目标行为后给予的强化叫作变比率式强化。

在间隔强化的方法下，学习新行为需要更长的时间。但强化停止后，习得的行为也将持续更长时间。据说，间隔强化的效果更不容易消退。

社会学习理论

1977年，班杜拉提出了社会学习理论，这一理论采取了与之前介绍的行为主义完全不同的观点。加拿大裔美国心理学家阿尔伯特·班杜拉（见第32页）指出，人们可以通过与条件反射无关的过程来互相学习，如通过观察或模仿。与斯金纳不同，班杜拉将人类看作积极的信息处理者，能够思考自己的行为与后果之间的关系。他认为，这些认知过程是观察学习的重要组成部分。因为社会学习方法将介于刺激和反应之间的认知因素纳入考虑，所以它解决了行为主义一个为人诟病之处：忽视思维或认知过程的作用。班杜拉通过波波玩偶这一著名研究发展了部分社会学习理论的内容，我们将在第158页做详细的介绍。

PSYCHOLOGICAL THEORIES

情感理论

多年来，学界提出了多个情感理论，试图解释我们感受情绪的过程，最流行的其中一个理论是两因素情绪理论。

沙赫特和辛格的两因素情绪理论

正如本书第34页所介绍，斯坦利·沙赫特位于20世纪十大最有影响力的心理学家名单之上。沙赫特和杰尔姆·辛格的两因素情绪理论（也叫沙赫特-辛格理论）认为，情绪体验基于两个因素：生理唤醒和认知过程。在这个理论于1962年问世之前，人们一直认为情绪完全是一种生理感觉，心理过程在当中并没有起到多少作用。一些早期的理论家甚至认为，不同的情绪与不同的生理唤醒模式有关，我们根据不同的唤醒模式对情绪进行区分。然而，根据两因素理论，个体在感觉到情绪时，会出现生理唤醒（但这种生理唤醒在不同的情绪之间可能并不存在差异。事实上，它甚至与因非情绪原因产生的生理唤醒并无二致）。这时，个体会在眼前的环境中寻找情感线索，以此来对生理唤醒做出解释。

因此，如果我们感觉到生理上的兴奋（如出汗或呼吸困难），并且同时存在非情绪性的解释（刚刚急着追公交车），我们就不会将这种生理兴奋解释为情绪。而如果没有现成的原因（如没有跑动），我们就会试图寻找一个解释，如可能将其理解为恐惧。沙赫特和辛格就此开展了一项著名的研究，他们使用一种名叫“Suproxin”的复合维生素来进行测试（详见第170页）。

是爱还是恐惧？

1974年，心理学家唐纳德·达顿（Donald G. Dutton）和亚瑟·阿伦（Arthur P. Aron）通过一个实验来验证两因素情绪理论。他们让男性被试走过两座不同类型的吊桥，其中一座是可怕的悬索桥，桥身非常狭窄，在走动时会剧烈摇晃，整座桥悬吊在一条湍急的河流上。另一座吊桥则比较矮，桥身平稳宽阔，下方的河流水面平缓。

在每座桥的尽头，都有一位有吸引力的女性实验员等着被试。当被试通过吊桥后，实验员会给他们一份调查问卷和一个电话号码，并告诉他们有任何问题都可以拨打电话询问。研究表明，穿过令人恐惧的吊桥的男性被试更有可能给女性实验者打电话，邀请她和自己约会。研究解释，这是因为他们在通过令人恐惧的吊桥时产生了生理唤醒（心率增加、呼吸加快、出汗），但在之后看到一个有吸引力的女性，他们会认为自己产生生理唤醒的原因是被对方所吸引。正如两因素理论所说，他们出现了错误的归因，用更方便或更直接的原因来解释自己的生理唤醒。

PSYCHOLOGICAL THEORIES

智力理论

目前，有许多理论对智力的本质及基本要素做出了解释。（有关提高智商的小技巧，见第275页。）

斯皮尔曼的二因素论

查尔斯·爱德华·斯皮尔曼（Charles Edward Spearman，1863—1945）是一位以统计学著称的英国心理学家，他在1904年提出了智力二因素论。他认为智力的组成因素有两种：一种是一般因素（他称之为g因素），另一种是特殊因素，诸如言语、数学和艺术才能等。一般因素是天生的、人们普遍具有的能力，而特殊因素则需要后天学习。两个因素相互关联，一般

根据斯皮尔曼的理论，一位杰出的小提琴手除了有一般因素智力之外，还具备特定的音乐才能。

因素水平高的人，特殊因素水平也会比较高，反之亦然。

加德纳的多元智力理论

霍华德·加德纳（生于1943年）在其1983年出版的《智力的结构：多元智力理论》（*Frame of Mind: The Theory of Multiple Intelligences*）一书中写道，人类具有几种不同的信息处理方式，这些方式彼此之间相对独立（而以前的研究者认为它们是相关的）。自1999年以来，加德纳已经确定了八种智力。他还认为个体有可能仅在其中一种上显示出天赋。

音乐—节奏　这一智力与声音、节奏、音调和音乐能力有关。

视觉—空间　这一智力涉及空间判断能力和具象化能力。

言语—语言　具有高语言智力的人会表现出文字及语言方面的才能。

逻辑—数理　这一智力与逻辑、抽象、推理、数字及批判性思维有关。

身体—动觉　该智力的核心要素是对自己身体动作的控制能力，以及熟练操作物体的能力。

交往—交流　人际交往智力高的人对他人的情绪、气质和意图更加敏感，在群体中能更好地与他人协作。

自知—自省　这一智力与内省和自我反思能力有关。

自然观察智力　指认识自然环境，处理相关信息的能力。

正态分布曲线

1994年，美国心理学家理查德·赫伦斯坦（Richard J. Herrnstein，在其著作出版前去世）和美国政治学家查尔斯·默里（Charles Murray）发表了《钟曲线:美国生活中的智商与阶级结构》（*The Bell Curve: Intelligence and Class Structure in American Life*）一书，这本书试图对美国社会的智力差异情况进行解释。这本书的标题来源于对人口总体智商（IQ）分数的钟形正态分布图。该图表明，大多数人的智商水平都分布在中间部分，而智商水平在前后两端的人数都相对较少。作者著书的核心前提是，人类智力很大程度上受遗传因素和环境因素两者共同影响。

作者提出的许多论点都备受争议，特别是认为非裔美国人的智商分数较低是遗传所致这一观点。书中还指出，美国的平均遗传智商正在下降，这一方面是因为与低智商个体相比，高智商的个体更少生育后代；另一方面是因为有大量智商较低的移民涌入美国。作者还建议取消鼓励贫穷妇女生育的福利政策，因为这些政策可能带来更多智商较低的儿童。

在20世纪90年代，各界出现了许多针对书中观点的评论、文章、书籍和辩论。最近的例子是理查德·尼斯贝特（Richard Nisbett）在2009年出版的《智力及获取方式》（*Intelligence and How to Get It*）一书。尼斯贝特认为，智商分数的差异很大程度上是由社会经济因素导致的，如果能引入相关的控制措施，种族群体之间的差异基本就能消失。

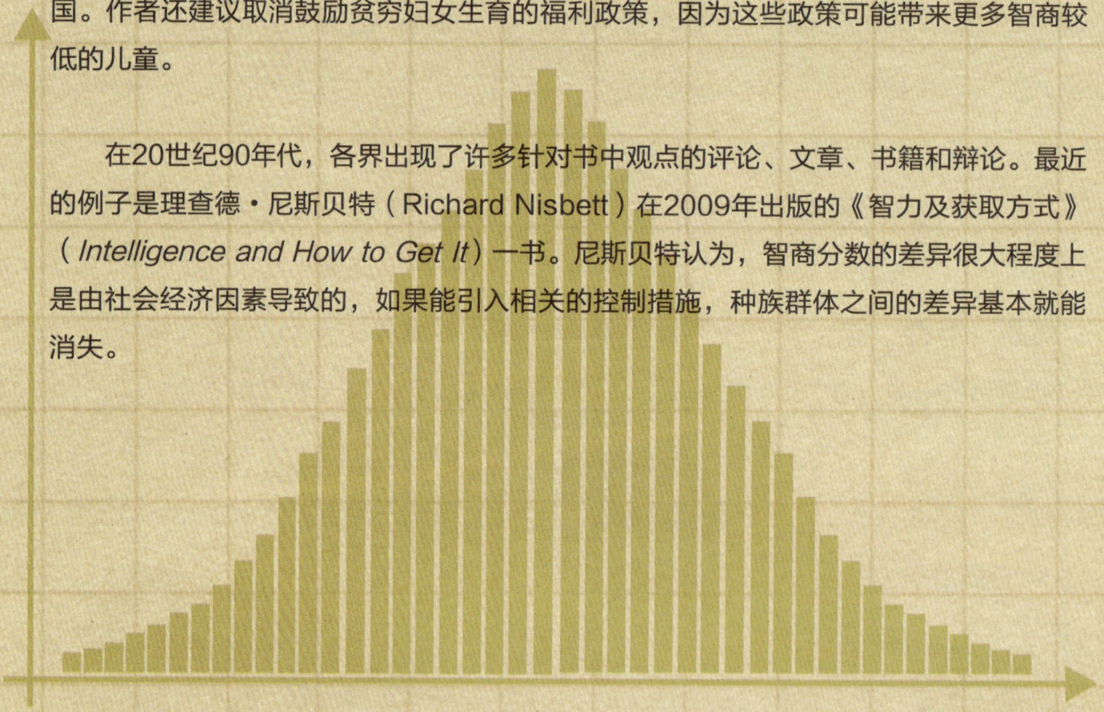

PSYCHOLOGICAL THEORIES

动机理论

动机指激发和维持行动的心理倾向或内部驱力。动机理论又可以分为内容理论或过程理论。内容理论强调识别人们的需求和优势，关注是什么因素使个体产生动机；而过程理论试图明确动机是怎样启动及维持的，如研究哪些因素会影响人们实现目标的努力程度。换言之，它研究的是这个过程的工作机制。最著名的内容理论当属马斯洛的需求层次理论和赫茨伯格的双因素理论，而最著名的过程理论应该是弗鲁姆的期望理论。下面我们将对这三个理论进行详细讨论。

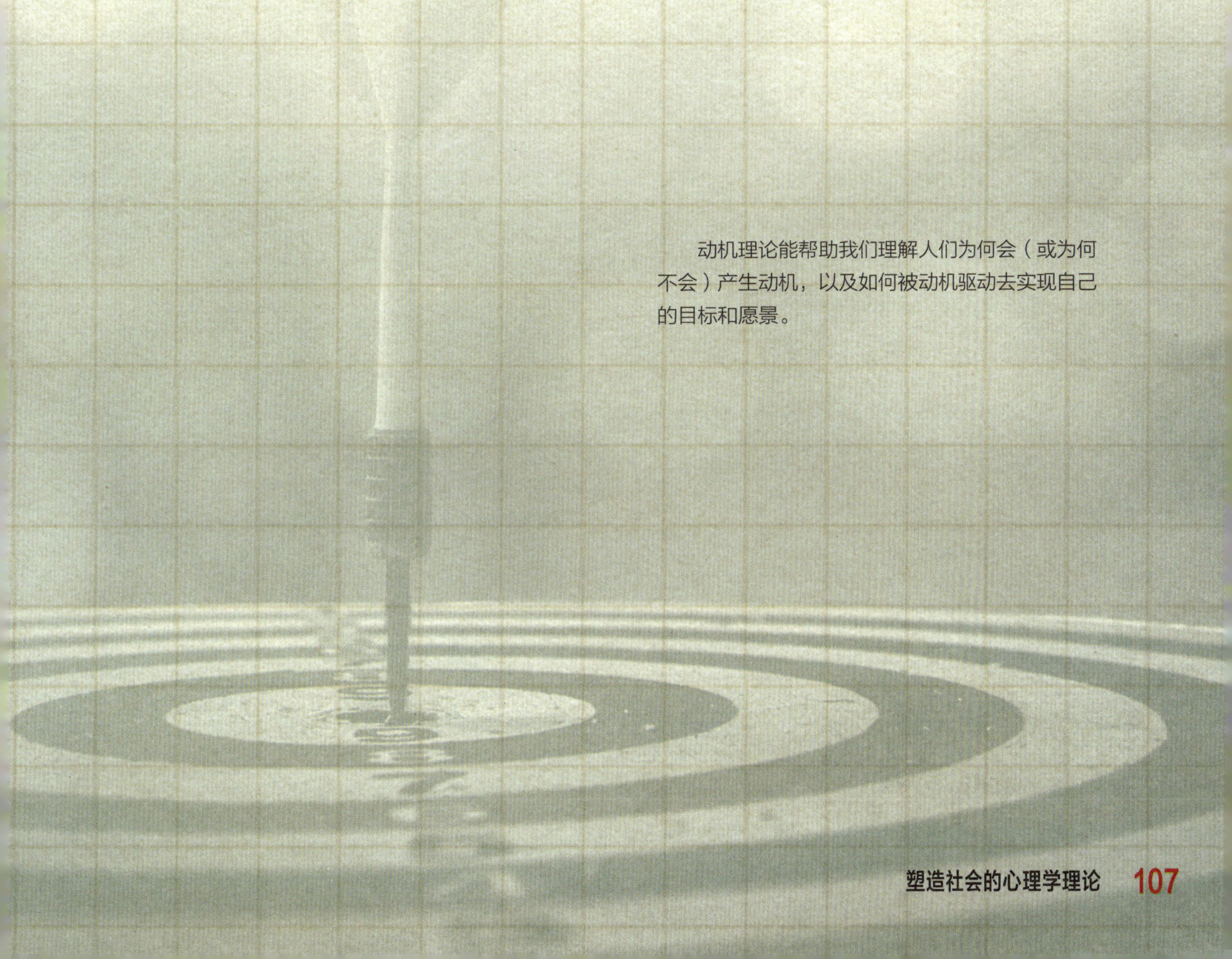

动机理论能帮助我们理解人们为何会（或为何不会）产生动机，以及如何被动机驱动去实现自己的目标和愿景。

马斯洛的需求层次理论

在第35页，我们曾提及位列十大心理学家之一的亚伯拉罕·马斯洛，他在1943年提出了动机理论（1954年将其进一步扩展）。该理论认为，人们有各种各样的需求（或者说动力源），这些需求可以被放在一个有层次的结构中。层次结构的底部是人们最基本的需求，顶部则是“最高级”的需求。人们通常用金字塔的形式展示这五个需求层次，但马斯洛自己从来没有以这种方式呈现自己的理论。

需求层次结构的下面四层包含马斯洛所说的“缺失性需求”，即生理需求、安全需求、归属与爱的需求以及尊重的需求。如果这些缺失性需求得不到满足，人们就会感到焦虑和紧张。马斯洛认为，个体在感受到自我实现这一高级需求的强烈驱动（激励）之前，必须先满足这些基本需求。

1. 生理需求指人类生存的基本物质需要，包括食物和水。如果不能满足这一需求，我们的其他功能便无法正常运转——想想自己是不是经常会离开办公桌去觅食，直到吃饱了才回来继续干活。

2. 一旦我们的生理需求得到满足，我们就会感受到安全需求的驱动。在当今发达国家，这一需求不再关乎战争或饥荒，而更多与工作机会、储蓄账户和保险政策相关。

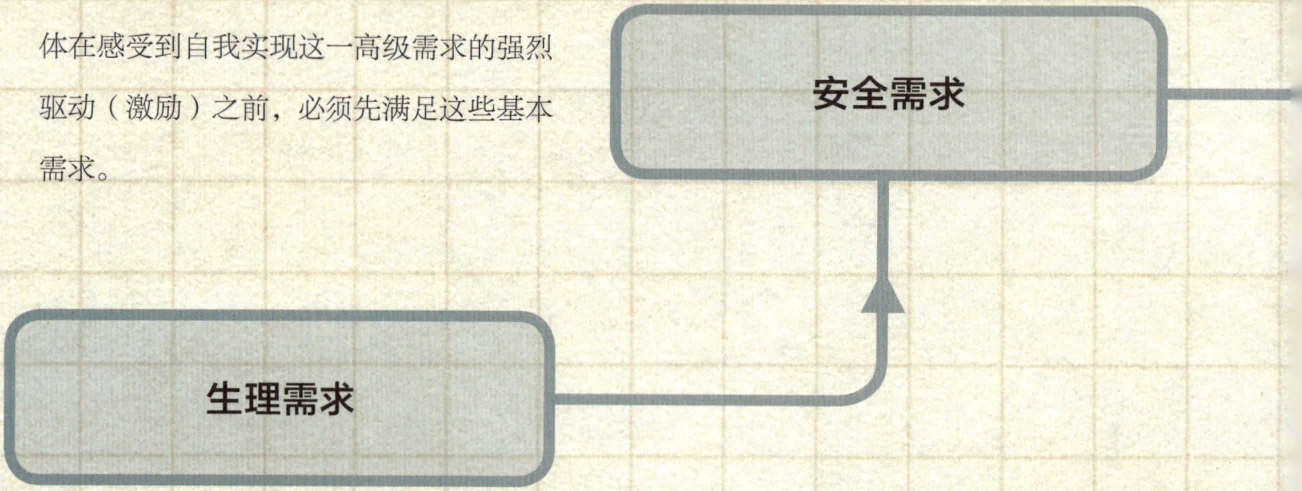

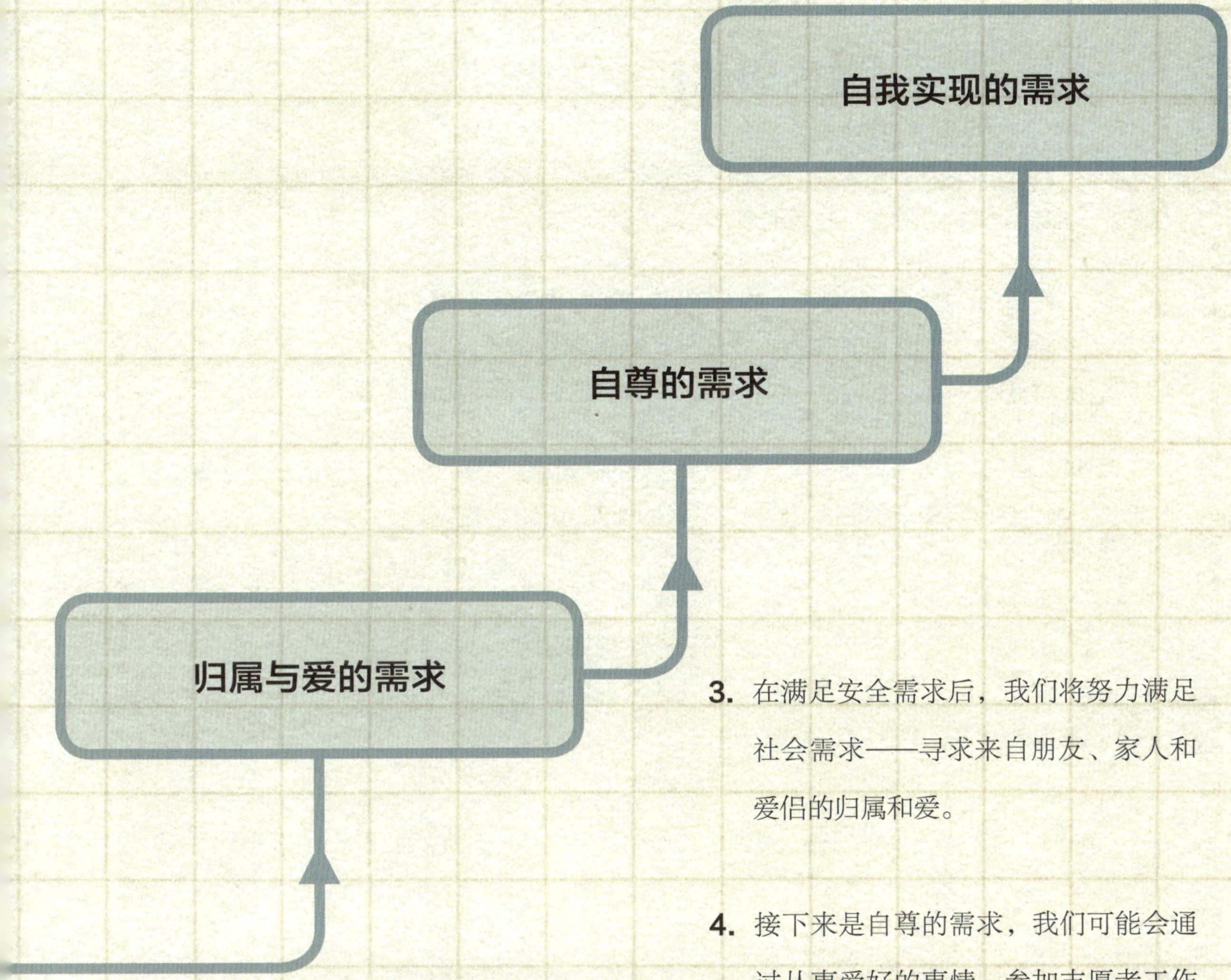

3. 在满足安全需求后，我们将努力满足社会需求——寻求来自朋友、家人和爱侣的归属和爱。

4. 接下来是自尊的需求，我们可能会通过从事爱好的事情、参加志愿者工作或其他活动来满足这一需求。

5. 最后，最高层次的需求是达成“自我实现”，发挥自己的潜力。例如，成为最好的父母、最好的艺术家或其他任何我们认为最重要的事。

激励因素和保健因素

根据赫茨伯格的双因素理论，激励因素是指那些与工作内在条件有关的因素，当此类因素出现时，个体能感到正向的满足感。这些因素包括：

- 具有挑战性的工作
- 褒奖
- 责任感
- 参与重要任务的机会
- 参与决策
- 在组织中的重要性

保健因素不会像激励因素一样，给个体正向的满足感。但是，保健因素的缺失会使个体产生不满。保健因素主要是指工作内容之外的外部因素，包括：

- 工作状态
- 工作安全
- 薪资福利
- 额外福利
- 工作条件
- 健康保险
- 充足的年假

赫茨伯格的双因素理论

该理论又称赫茨伯格的激励-保健因素理论，它是另一种内容理论，不过针对的是工作场合。弗雷德里克·欧文·赫茨伯格（Frederick Irving Herzberg，1923—2000）是美国心理学家，也是商业管理领域最有影响力的人物之一。他在马斯洛的理论基础上增加了一个新维度，提出了双因素动机模型，模型中有两套不同的因素会对个体的工作满意度造成影响。其中一组因素或职位特征的存在会让个体对工作感到满意；而另一组职位特征的缺失会让个体在工作中感到不愉快。他认为，满意度和不满意度是彼此独立的，不存在此消彼长的关系。那些能够让个体因它们的存在而提升工作满意度的因素被称为激励因素，而那些一旦缺失就会引起不满的因素叫作保健因素。

弗鲁姆的期望理论

尽管学界有很多种不同的过程理论，但其中最为人所知的应该是弗鲁姆的期望理论，又称效价-手段-期望理论。1964年，耶鲁大学管理学部商学院的教授维克多·哈罗德·弗鲁姆（Victor Harold Vroom，生于1932年）提出了这一理论，以此来解释人们为何会选择采取某种行为，而不选择其他的。该理论认为，人们的行动会受以下因素驱动。

- **期望**（如果真的很努力，我就可以完成这项工作。）
- **手段**（如果做得好，我就会得到回报。）
- **效价**（我真的想要得到奖励。）

如果我们认为，辛勤工作不会对工作表现产生影响，或者觉得即使做得很好也不会得到相应的奖励，又或者所得到的奖励不是自己想要的，我们的工作动机就会降低。

PSYCHOLOGICAL THEORIES

儿童发展理论

一个孩子从无助的婴儿成长为一个功能完备的成年人，这个过程简直是一个奇迹，发展心理学家一直深深着迷于这个巨大变化的发展过程。下文列出了一些颇具影响力的理论，这些理论解释了儿童发展过程中那些最了不起的部分。

依恋理论

每个父母都知道新生婴儿并不是一出生就和自己有情感联结，而是随着时间的推移慢慢建立起来的。在刚出生的前几个星期甚至几个月，只要婴儿的基本需求得到满足，他们就会很开心。他们根本不在乎是谁在喂养、照料他们，只要有人这么做就行了。对于一个新手母亲（或父亲）来说，这是件令人沮丧的事，她会发现自己视若珍宝的孩子对待自己和随便一个陌生人没有任何差别，只要有吃的，他们都一样开心。

但是，新手父母应该充分利用这个“前依恋”阶段，因为到8个月左右，婴儿会突然开始表现出对他们的主要照顾者强烈而独特的偏好，只要对方离开房间片刻，他们就会心烦意乱。这就是依恋，它指的是儿童与其主要照顾者之间的深层的情感联结。依恋理论起源于英国心理学家约翰·鲍尔比（John Bowlby）在1958年开展的研究，它对亲子依恋关系的出现做出了解释。

鲍尔比基于婴儿年龄，总结概括了一系列依恋阶段。

出生到3个月　无差别的社会反应阶段。在这一阶段，大多数婴儿会无差别地对每个照顾者做出回应，即使和陌生人独处，他们也不会哭泣或惊慌。

4个月后　婴儿表现出对主要照顾者（如母亲）和次要照顾者（如父亲）的偏好，但也会接受其他人提供的食物和照顾。

7个月后 婴儿会特别喜欢主要照顾者，并表现出对陌生人的恐惧（“怯生”）。当他们与依恋客体分离时，会出现痛苦的反应（“分离焦虑”）。

9个月之后 出现多重依恋，孩子能与一些“特别”的人（如祖父母或托儿所工作人员）建立起联系。

如果一个孩子出于某些原因（如受到的照顾断断续续、失去主要照顾者或有多个照顾者）而没有发展出这些依恋的话，他们在之后的生活中可能会存在关系方面的问题。

在此之后，其他心理学家进一步研究了儿童依恋的影响因素。经典的比较心理学实验以猴子为实验对象，探索剥夺母爱的影响，并以之与母爱被剥夺的儿童相类比。第154页介绍了这些实验（又称“哈

婴儿在大约9个月后对特定人群产生依恋是正常的。这也是对婴儿期和幼儿期阶段婴儿特别“粘人”的一种解释。

洛的猴子实验”）的相关内容。

在20世纪70年代，美国-加拿大心理学家玛丽·安斯沃思（Mary Ainsworth）通过一个“陌生情境”研究，对约翰·鲍尔比的研究成果进行了拓展。在研究中，她设置了一个环境，让孩子、孩子的母亲与陌生人一同待在一个房间里（随后母亲会离开，留孩子与陌生人独处）。

动物中的依恋

奥地利的康拉德·洛伦兹（Konrad Lorenz）在1935年提出的印刻理论认为，新孵出的雏鹅会在孵化后12~17小时这一关键时期，认定并追随它们看到的第一个会移动的物体，这一现象被称为印刻。这个过程表明依恋是先天的（通过遗传而不是学习获得的）。印刻过程与喂养无关，如果在关键时期内没有发生，就不会再存在了。

洛伦兹通过确保自己是小鹅孵化后第一眼看到的对象，让新生的小鹅产生了对他的印刻。他后来把这些鹅与另一批印刻了它们自己母亲的鹅混在一起，放入一个盒子，然后再放出来。那些印刻了母亲的雏鹅都在母鹅身后蹒跚而行，而“他的”幼鹅都跌跌撞撞地跟随着他。在发展到成年的整个过程，它们都喜欢跟在他的身旁。洛伦兹因动物行为的实验获得了1973年的诺贝尔生理学奖和医学奖。

试一试

陌生情景

如果你有一个1岁到3岁大的孩子，你可以尝试一下玛丽·安斯沃思的陌生情景实验。你需要找一个你孩子不认识的朋友，到他们家去，让你的孩子在这个陌生的环境玩耍探索，并陪伴在左右，观察他们的行为。一个安全依恋的孩子会将你作为向外探索的原点——他们会经常向你展示东西，并回到你的身边。他们也可能会与“陌生人”进行互动。

然后，你试着离开房间。如果你的孩子感到非常不舒服，请回到他们身边（我们不希望这个实验让你的孩子受到伤害）。而如果孩子和你的朋友看起来相处得不错，你就可以在外面待几分钟（一旦进展不顺，请放弃实验），并拜托你的朋友注意观察你不在场时孩子的情况。接着回到房间，看看你会得到什么样的回应。一个安全依恋的孩子见到你会很高兴（但如果他们没有这样，也不用担心，许多安全快乐的孩子也并不见得会和理论描述的表现一样）。

安斯沃思借助这一研究确定了三种主要的依恋风格。

安全依恋 当母亲离开时，孩子会表现出痛苦；而当母亲回来时，孩子就会感到高兴，并向她寻求安慰。

矛盾-不安全依恋 当母亲离开时，孩子会非常痛苦；但当母亲回来时，孩子可能会把她推开。

回避-不安全依恋 孩子似乎没有因母亲的离开或归来而困扰；当母亲回来后，孩子也不会向她寻求安慰。

皮亚杰的认知发展理论

第30页介绍过让·皮亚杰提出过一个突破性的理论，改变了之前大家对儿童心理和智力发展方式的认识。皮亚杰向全世界证明，儿童不仅是一个未成熟版的成年人。

他认为孩子就像科学家一样，他们通过不断地做实验，来加深自己对世界的理解。他表示，孩子们会通过两个过程来拓展对事物运作方式的认识。这两个过程均假设孩子永远在建立和验证关于世界运转方式的理论，如扔出去的东西会落到地上。这两个过程如下：

同化 这是首先发生的过程。当孩子们面对一种新的方法或信息时，他们会尝试用现有的理论来理解。在刚刚的例子里，孩子们可能会尝试扔不同的东西，然后发现它们全都会落在地上。这样一来，孩子就会将这些新的认识同化到关于引力的理论中去（当然，他们并不知道这叫作引力）。

顺应 如果此时有人拿来一个氢气球，孩子在扔的时候会发现，气球不会落到地上。他们就需要改变自己现有的引力理论，来接受有些东西不会落到地面上这一事实。这个过程被称为顺应。

皮亚杰还对儿童如何应用同化和顺应来度过以下四个认知发展阶段进行了梳理。

试一试

躲猫猫

当你和一个小婴儿玩耍时，你可以测试一下他们对客体永久性的掌握程度。每当你“消失”（如躲在窗帘或毯子后面），处于感知运动阶段的孩子会认为你已经离开了，因此当你重新出现时，他们会感到很惊讶。而年龄较大的孩子则明白，即使看不到你，也不代表你已经离开，因此他们不会表现得很惊喜，而躲猫猫这个游戏也不再具有同样的吸引力。

1．感知运算阶段 这个阶段出现在儿童出生到2岁左右这一时期。皮亚杰认为儿童在这一时期学到的关键内容是“客体永久性”。客体永久性是指，孩子开始意识到，客体在自己看不到的情况下也是保持不变的。因此，若在一个小婴儿面前用毯子把球盖住，它会相信球已经不在了，并不会试图去找。对他们来说，看不见就代表没有了。而年龄较大的孩子会将毯子掀开去找这个球，这说明他们知道，即使自己看不见，但球仍然在那儿。这就是客体永久性（你可以在自己的孩子身上尝试这个实验，看看他们是否已经掌握了客体永久性，具体方法请参阅左页）。

2. 前运算阶段 这一阶段发生在2～7岁。孩子从只能由自己的视角看问题的自我中心思考者发展成相对不那么以自我为中心的个体，他们开始意识到其他人会以不同的视角看待事物。自我中心思考者会认为，他们喜欢什么，其他人也会一样喜欢什么；如果他们能看到某些东西，那其他人也一定可以看到。

试一试

你的孩子处于自我中心阶段吗？

你也可以像皮亚杰一样做个实验，看看你的孩子是否仍然处于自我中心阶段。准备一个有房屋、商店和山丘的玩具小镇。将一个玩偶或小人放在某个位置上，从这个玩偶的视角看到的场景和你孩子看到的是不同的。试着问问你的孩子，玩偶能看到些什么。一个处于自我中心阶段的孩子会描述他们自己看到的东西，没法理解玩偶有着完全不同的视角。而年龄大点的孩子则可以意识到这一点，从玩偶的角度进行描述。

3. 具体运算阶段 这一阶段发生在7～11岁，孩子会习得以“守恒性”为特征的具体运算思维。他们开始理解到，对于一定数量的小物品，如纽扣或者石子，就算装它们的容器的大小或形状变了，这些物品本身数量是保持不变的。

4. 形式运算阶段 到11岁时，儿童已基本进入了形式运算阶段。这时候，他们可以进行抽象思考。换句话说，他们可以利用自己的想象力和创造力来操纵脑海中的想法和概念。

试一试

你的孩子掌握守恒性了吗？

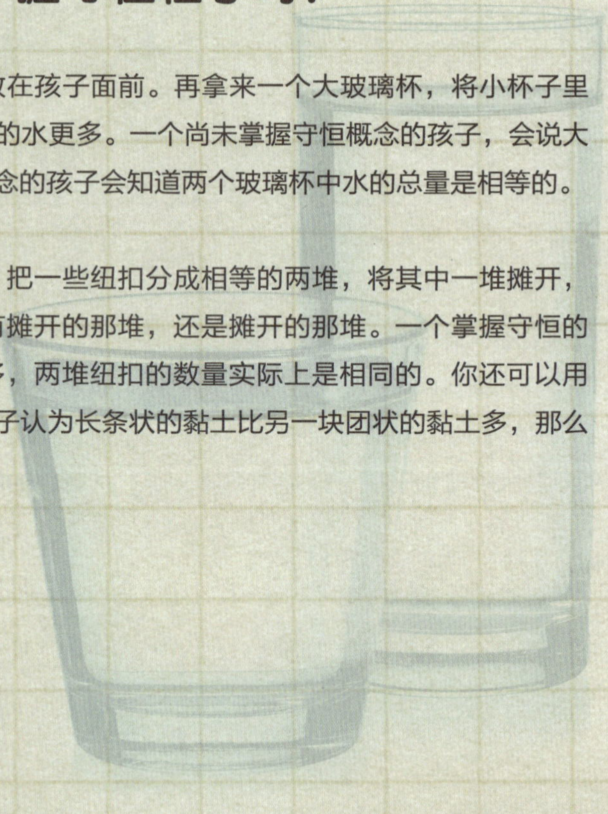

试着拿一个小玻璃杯，装满水，放在孩子面前。再拿来一个大玻璃杯，将小杯子里的水倒进去，然后问孩子哪个杯子里面的水更多。一个尚未掌握守恒概念的孩子，会说大玻璃杯里有更多的水，而掌握了守恒概念的孩子会知道两个玻璃杯中水的总量是相等的。

你也可以尝试转变一下这个实验：把一些纽扣分成相等的两堆，将其中一堆摊开，然后问你的孩子哪堆纽扣更多，是没有摊开的那堆，还是摊开的那堆。一个掌握守恒的孩子会知道即使摊开的那堆看起来更多，两堆纽扣的数量实际上是相同的。你还可以用一块黏土进行这个实验——如果你的孩子认为长条状的黏土比另一块团状的黏土多，那么他就还没有掌握守恒这个概念。

试一试

你的孩子是否处于形式运算阶段？

考考孩子以下谜题：亚斯明比查利高，查利比哈利高，他们三人谁最高？

如果你的孩子可以心算得出答案，那么他正处于形式运算阶段。如果他需要通过画图来找出答案，那说明他还没发展到这一阶段。

语言发展理论

人们早已发现，儿童学习说话的过程和成人学习外语不一样。大多数情况下，孩子要习得自己的母语似乎不存在任何困难，但成年人想要掌握一门外语可不那么容易，并且成年人学习外语也不可能像儿童学习说母语一样彻底和流利。

那么，儿童是如何神奇地学会说话的呢？人们以前认为，这是因为孩子们学会了将词语和意义联系起来。当他们试着模仿自己听到的内容，而模仿的内容又恰好能正确地和实物对上号时，他们就会受到大人的奖励（得到想要的东西或称赞）。这是行为主义取向所理解的语言发展过程，由斯金纳首先提出（见第29页）。

后来，世界上最著名的语言学专家诺姆·乔姆斯基（1928年生）对斯金纳的理论提出了质疑。乔姆斯基认为，语言的习得并非仅靠环境提供足够的模仿内容就能完成。若是仅以此为基础，孩子们将永远不可能掌握帮助他们理解超长句子的要素。

因此，乔姆斯基提出了普遍语法理论。普遍语法理论认为，儿童天生就掌握能帮助他们学习母语语法的特定规则，这使他们能够轻易地熟练运用复杂的语言形式。换句话说，孩子天生就有学习语言的能力。根据乔姆斯基的理论，孩子的大脑中具有一个先天的“语言获得装置”来帮助他们学习语言。这个装置为孩子们提供了一种能力，让他们可以学习所有语言中常见基本语法规则。

乔姆斯基之后的理论家们提出，儿童学习语言存在一个“关键时期”，如果孩子在这段时间内没有接触到某门语言，他们就永远无法完全掌握。“野孩”（见第48页）吉妮这一令人遗憾的案例研究佐证了这一理论。此外，还有其他的证据支持这个理论：研究发现，若儿童在关键时期（通常是青春期之前）学习多门语言，他就可以熟练掌握这些语言；但如果在关键时期之后才开始学习，他就不太可能完全熟练地掌握双语或多语了。

根据诺姆·乔姆斯基的观点，孩子们应该在关键时期学习语言。

双语者

如果对于很多年轻人来说，掌握一门新语言算是一个非常了不起的成就，那么对掌握两种甚至更多门语言的孩子来讲，又将是怎样一个情况呢？据估计，全世界掌握双语的儿童人数与掌握单语的儿童人数是相等的。人们认为，与单语儿童相比，双语儿童具有多种优势。例如，双语儿童能够更好地集中注意力，忽略分心刺激；他们更具创造性，有更好的问题解决能力。这样看来，掌握不止一种语言似乎可以使大脑更加灵活。

儿童有两种方式学习第二语言。

- 从出生起同时学习两种语言。这样的孩子可能会比单语儿童更晚学会说话，不过他们经历的发展阶段是完全相同的。不知何故，在耗费差不多时间的情况下，单语儿童只掌握了一门语言，双语或多语儿童却能够掌握两种或两种以上语言。

  这些儿童能够轻松地区分两种语言，他们经常和父母中的一人说一种语言，和另一人说另一种（或者在家中说一种语言，出门说另外一种）。在这种情况下，两种语言都是他们的“第一”语言。

- 按顺序学习语言，即学习第二种语言的时间比学习第一种语言晚一些（通常在3岁以后）。例如，在孩子移民到不同的国家后开始学习。在这种情况下，后学的语言是孩子的第二语言。

是否能成为双语者，受输入量（接触第二语言的时长）的多少以及输入源是否分离（父母之一说第一种语言，另一人说第二种语言，有人认为这是为了防止混淆）所影响。

PSYCHOLOGICAL THEORIES

社会心理学理论

人类是社会性动物，比起单打独斗，我们更喜欢以群体的方式生活。融入群体并感觉自己归属其中，这对我们来讲十分重要，以至于我们的态度、思想和行为往往会被周围人强烈地影响。社会心理学是研究我们和其他人一起时的感觉、想法或行为的学科，它还会将这些状态和独处状态相比较。他人的存在有时会产生相当具有戏剧性的效果，许多经典的心理学理论都试图解释这些影响是什么、它们何时发生、在何种条件下会造成最大的影响。

霍桑效应

这一现象描述的是，人们在被观察时，会改变自己的行为方式。研究员亨利・兰斯伯格（Henry A. Landsberger）在20世纪50年代首先提出这一效应。他分析了20世纪20年代和30年代在芝加哥郊外的西方电力工厂和霍桑工厂进行的一系列实验。当时，工厂老板委托学者研究照明条件对工人生产率的影响。研究发现，随着照明水平的变化，生产率似乎会有所改善。而当照明水平恢复正常时，生产率也会随之降低。然而，特别有意思的是，不管照明条件如何变化，生产率都有所增加。同时，环境中其他条件的变化，包括卫生水平或移动工作站的摆放位置，都会导致生产率的提高。就连将条件改回原本的水平这个变动本身，似乎也提高了生产率。

兰斯伯格由此总结，环境的变化并不是导致生产率提高的原因。工人们知道自己在被观察这一事实似乎才是激励因素，它让工人们的注意力变得格外集中。

众从理论

一般来说，人们都认为少数人要试图说服大多数人改变观点是一件十分艰难的事。然而，我们后来发现，事实上少数群体可以对大多数人造成不符比例的影响——远超出基于人数所做的预期。历史上也有很多产生了巨大影响的众从例子（如妇女参政权论者推动的妇女权利运动或美国维权运动）。即使一位孤独的异议者也可能成为促进变革的催化剂（如罗莎·帕克斯，一位拒绝离开座位，坐到公交车上“黑人”区的美国人）。

1969年，出生在罗马尼亚的法国心理学家塞奇·莫斯科维奇（Serge Moscovici，1925—2014）提出了一个理论，试图解释少数人是如何对大多数人产生巨大影响的。她在类似于阿希的实验（见第145页）中，要求参与者说出各种幻灯片的颜色是什么。虽然幻灯片显然是蓝色或绿色的，但莫斯科维奇让少数人结成同盟，一致说错颜色，以此来测试这是否会影响到大多数人的判断。

1965年，在亚拉巴马州，罗莎·帕克斯因拒绝让座这一举动闻名于世——这后来导致了美国民权运动的兴起。

试一试

测试众从效应的影响

你可以在家里或公司测试众从效应的影响，试着去给一群朋友讲个莫名其妙（并不好笑）的笑话。例如，一名警察让一个男子靠边停车，问他：“你知道你刚刚开得有多快吗？”男子回答：“不知道，但我知道我现在在哪儿。”

找一个“托儿”来疯狂大笑，然后观察有多少人跟着一起笑。你还可以尝试在不同的群体中重复这个测试，并且找两个“托儿”，看是不是有更多的人在没有理解到笑点的情况下仍然跟着一起笑了。

莫斯科维奇发现，如果少数人是一致的（坚持自己的观点）、投入的（愿意承受坚持观点可能带来的风险，如被嘲笑）、有说服力的（能够很好地表达他们的观点），那么他们影响多数人的概率就会大大增加。那些看起来是出于严格的原则或道义行事的少数群体也会对大多数人造成更大的影响。少数人还可以通过尽可能表现出彼此之间的相似之处（收起那些有异议的观点）来战胜多数人，因为相较于那些与自己不同的人，我们更容易受与自己相似的人的影响。此外，少数派的人越多，他们的影响力就越强（直到增加到某一程度为止）。

众从理论能帮助我们理解初始人数很少的恐怖组织是如何得以发展的。这些成员高度投入他们所宣扬的“正义”事业，使用复杂的宣传手段使自己的信息具有说服力。他们为自己的事业做出了巨大的个人牺牲，而且经常强调自己和大多数人一样有着共同的信念（例如，相同的宗教信仰，或对某个社会群体的一致态度）。当然，随着人数增长，他们会产生更大的影响力，因为其他人会觉得这么多人都认同的事情不可能是错的。

群体极化

长期以来，心理学家一直对群体中个人对集体决策的影响很感兴趣。在20世纪60年代之前，人们都普遍认为，集体意见应该大致是群体成员意见的平均结果。这一观点的产生受到服从研究（见第145页）的影响，该研究表明，当要求个体对小组决策进行估计时，小组内的成员最终很可能给出相似的答案。

1961年，詹姆斯·斯托纳（James Stoner）（他当时还是一名学生）改变了这一切。他设计了一个实验，要求个体对一些假设困境做出判断。每种困境都涉及在两个行动方案之间的选择，其中一个方案会得到更理想的结果，但风险程度更高。参与者必须决定何种风险水平可以接受，足以说服自己选择这一方案。接下来，这些人被分到不同的小组，并需要对他们之前单独做出过抉择的每个困境进行

试一试

群体极化的小实验

试着和一群朋友一起，用下面这个假设的两难困境来测试群体极化的影响。先在不相互讨论的情况下，单独决定自己可承受的风险等级（1为最高风险），算出大家的平均得分。接下来进行小组讨论，得出一个共识。这个共识的分数会比个人的均分更极端吗？最后，再进行一次独自决策——个体均分回到讨论之前的那个水平了吗？

两难困境：一位电气工程师在考虑是继续做目前这个薪水适中的工作，还是换一个酬劳更高，但没有长期保障的工作。有多大的成功率时（新工作的稳定性），你会建议工程师选择更为冒险的方案？

1. 工作稳定的可能是10%。

2. 工作稳定的可能是30%。

3. 工作稳定的可能是50%。

4. 工作稳定的可能是70%。

5. 工作稳定的可能是90%。

6. 无论稳定的可能性有多高，我都不会推荐这种替代方案。

小组讨论，最终达成一致的决定。斯托纳发现，与讨论前每个成员单独做出的决策结果相比，集体决策得出的结果几乎都有更高的风险水平。

随后的许多研究表明，所谓团体决策的“风险转移”，实际上是走向“极端化”，团体也可能做出比个人更谨慎保守的决策。这就是广为人知的群体极化现象。如果个人在讨论前做出的决策是保守的，团体决策也会变得更保守；如果个人在讨论前做出的决策比较冒险，团体决策也会倾向于更冒险。研究还发现，这种转变会被参与者所内化。当个人在团体讨论后再次单独面对困境时，他们的答案会变得更加极端（和团体的倾向保持一致）。

下面是两个有助于解释群体极化现象的有趣理论。

社会比较理论　每个需要决策的困境都和各种社会价值观念（如关爱他人、冒险精神或善良）相关。因此，个体的决定能反映出某种社会价值在其心目中的重要性。而人类的本性会让我们认为自己会比别人有着更多优良品质——我们都倾向于认为自己比大多数人更友善、更体贴、更有冒险精神。然而，一旦进入小组讨论，斯托纳实验中的一些参与者就会意识到，还有一些人看起来比他们自己更符合这些社会价值。

这种社会比较，使人们在这个方向上进一步极化自己的观点，以便向他人展示更加符合社会理想的自己。而最终的结果是，团体决策的结果比个人决策的平均值要极端得多。

说服性理论　这一理论认为，在小组讨论中出现群体极化的主要原因是信息和论据的可及性。在任何一场讨论中，赞同和反对某项决策的论点不太可能刚好势均力敌，而更可能出现对某一方的偏向。人们在独立决策时，可能无法想到所有的论点，但一旦讨论开始，所有这些不同的信息就会公开化。所以，每个人都会得到更多支持优势方的论据（而也许只会有一两个额外的反对观点）。这些新的论据将说服团体成员在此方向上进一步推进自己的观点。

群体思维

“群体思维”一词由社会心理学家艾尔芬·詹尼斯（Irving Janis）在1972年提出，它描述的是群体可能做出的错误决定。詹尼斯分析了一系列美国所做出的造成灾难性后果的糟糕政治决定，并借此提出了这一理论（见第129页和第130页）。他想知道的是，为什么有这么多经验丰富、知识渊博的人参与决策，最终做出的决定却如此糟糕。

人们认为，群体思维的产生是因为团体成员感受到需要附和主流观点的压力，即使他们根本不同意这一观点。例如，在一个很有凝聚力的团体中，如果一个很强势的领导者暗示团体成员选择某个方向，即使这个方向和团体成员持有的观点相反，成员们仍然会感到很难站出来为自己认为正确的观点辩护。他们会倾向于保持沉默，而不是冒着造成尴尬局面的风险去反对他人。而这种抑制会带来以下后果：

不败的幻觉 因为没有人坚持提出反对意见，所以群体会认为他们的决策是正确的，一定会取得成功。这意味着群体可能更冒险，或忽视任何其他潜在的风险。

合理化 成员倾向于忽视危险信号并合理化他们的决定，而不去反思自己的决策。他们相信每个人都参与了决策，即使已经发现了一些不对的迹象，仍然相信群体得出的结论是十分合理的。

刻板印象 这主要指小组成员对团体以外的人产生负面刻板印象。如果决策群体之外的某个人（如某专家或技术人员）对群体决策方案提出担忧（正如在右页列出的众多例子），群体成员可能忽视这些异议，认为提出异议的人资质不够，一无所知，别有用心。

自我审查 部分人即使有所疑虑，也会隐藏起自己的恐惧或担忧。

“心理防范” 群体的一些成员会自动担任起审查者的角色，来阻止他人对组织提出异议。

群体思维导致错误决策的例子

- 1961年，约翰·肯尼迪（John F. Kennedy）总统及其顾问决定在猪湾入侵古巴。
- 1964—1967年，林登·约翰逊（Lyndon B. Johnson）总统及其顾问决定升级越南战争。
- 1972年，理查德·尼克松（Richard M.Nixon）总统及其顾问决定掩盖“水门事件”的真相。
- 1986年，NASA决定发射“挑战者号”航天飞机（飞机在起飞后不久爆炸，7名机组人员全部遇难）——见第130页。
- 2003年，美国宇航局决定发射哥伦比亚号航天飞机（飞机在重返地球大气层时，于得克萨斯州爆炸，七名机组人员全部死亡）。
- 2001年，瑞士的航空公司瑞航倒闭。据称瑞航的倒闭体现了群体思维中的两个典型特征：认为群体决策是完美无缺的；存在对群体的信仰。
- 20世纪90年代，英国玛莎百货以及英国航空公司也成了群体思维的受害者。这主要体现在产生对群体的不败幻觉，两家公司均因长年的盈利而低估了潜在的风险。1998—1999年，马莎百货的股价从590便士下跌到不足300便士，而英国航空公司的股价也从740便士降至300便士。

群体思维与“挑战者号”灾难

“挑战者号”爆炸的直接原因是技术性失误（O形环装置失效），这导致了包括一名平民在内的所有机组人员遇难，多人通过直播亲眼见证了这一灾难。但许多评论家认为，由于高层在发射前已经知晓O形环故障，因此群体思维才是飞机在有隐患的情况下仍得到起飞许可的真正原因。

人们后来发现，负责建造固体火箭助推器的承包商，莫顿瑟奥科尔公司的工程师曾经强烈反对发射“挑战者号”，但他们的警告被管理层忽视了。工程师们都担心1986年1月那天上午的异常寒冷气温会对O形环造成影响，他们反复表达了自己的忧虑。但是，这一任务之前已经因恶劣天气取消过一次，对NASA来说，再一次由于天气原因而取消任务是不能接受的——公众对太空计划的兴趣会减弱。他们承受着巨大的压力，做出了发射航天飞机的决定。

在发射前，莫顿瑟奥科尔的代表建议在温度升高到53°F（12°C）之前不要点火，但天气预报显示未来几天的温度都达不到这个基线。尽管总工程师自己也非常担心安全问题，但他同时也承受着巨大的压力，被命令必须下达发射指令。上级要求他“摘下工程师的帽子，成为一名管理者”，这表明当时的上级认为企业目标应该优先于安全考虑。其他对发射提出异议的人也都遭受了被驱逐出决策小组的威胁。在这个情况下，尽管人们意识到了O形环存在问题，但按计划执行任务似乎更加重要，于是工程师不情愿地给出了发射的指令，最终酿成悲剧。

一致性幻觉 由于没有人愿意公开表示反对，因此群体会认为每个人都有同样的感受，都赞同最终的决策。

直接压力 任何有异议的人都会感到群体对他们施加的压力。质疑群体的人经常会被视为不忠诚的叛徒。

下面的情况都可能导致群体思维现象的产生：群体面临很大的决策压力；群体成员处于紧张情绪之下；群体中存在一个强势的领导者；群体与外部世界隔绝。第130页讨论了在做出发射“挑战者号”这一致命决定期间，以上条件是如何得到满足的。

试一试

减少群体思维的影响

当下次你作为群体的一员并需要做出重要决定（无论是在工作中还是其他情况下），请采取以下步骤来确保自己不会受群体思维的困扰：

1. 事先任命一名“恶魔代言人”，他的工作是寻找论点和假设中的缺陷。

2. 如果团体内存在领导者（或者你就是领导者），他们应该保持低调，以免影响讨论进程。

3. 鼓励不同意见，鼓励成员从已拟定计划中找出可能出现的问题。

4. 引进群体之外的专家，并听取他们的意见。

5. 在做出决策后举行一次“二次决议”会议，给群体提供重新思考和表达疑虑的机会。

PSYCHOLOGICAL THEORIES

态度理论

一直以来，心理学家对人们的态度如何形成及如何改变深感兴趣。目前普遍认为态度由三个部分组成。

情感成分 指感觉或情绪。

行为成分 指态度是如何影响我们的行为和表现的。

认知成分 指信念或知识。

因为态度经常可以预测行为，所以了解态度如何形成以及如何改变十分重要。市场营销和广告行业特别热衷于了解这一点，因为态度能推动消费行为。

和态度与行为有关的理论

有两个理论可以帮助我们理解态度和行为之间的关系。

理性行为理论 这一理论由马丁·菲什拜因（Martin Fishbein）和艾斯克·阿耶兹（Icek Ajzen）在1975年提出，它可以解释态度如何预测某种行为发生的可能性。该理论认为，我们的行为意向受到我们对该行为的态度（积极或消极）以及“主观规范”的影响。这里的“主观规范”是指其他人（如家人、朋友和同事）对我们做出该行为的评价。例如，萨米尔可能真的很喜欢抽烟，但知道他的家人不赞成，这两方面相互影响，影响他的抽烟意愿。

认知失调现象

有些时候，当行为与态度不相符，人们可能会改变自己的态度以适应行为。1957年，美国精神病学家利昂·费斯廷格发现了认知失调这一现象。当个体出现认知失调，其行为与持有的信念或态度会相互冲突，从而引起心理上的不适。为了减少这种不适感，他们可能会改变自己的态度。

举个例子，想象一下你刚买了一部新手机，结果第二天市场上就有了一款看起来更好的手机。这时为时已晚——你已经有一个新手机了，还花许多时间去导入所有数据，并按自己的喜好将手机设置好。现在，你可能会有两种相互冲突的“认知”：一方面，你有一部新手机，并花了很多时间设置它；另一方面，你意识到另一部更好的手机面世了。这种冲突——也就是认知失调——会让人十分难受。你可以通过退掉这部手机并购入新手机（这会很麻烦）来解决冲突，或者改变你对新旧手机的认知。为了做到这一点，你需要找些理由来说服自己目前的手机其实更好。例如，它的屏幕尺寸更符合你的需求、电池续航时间更长、新手机的设计比较笨重等。通过这种方法，你把两种不和谐的认知结合在一起，让它们的冲突减少。于是，你又感到开心了。没错，是有一个新手机面世。但没关系，因为你已经确信现在的手机才是最适合你的。

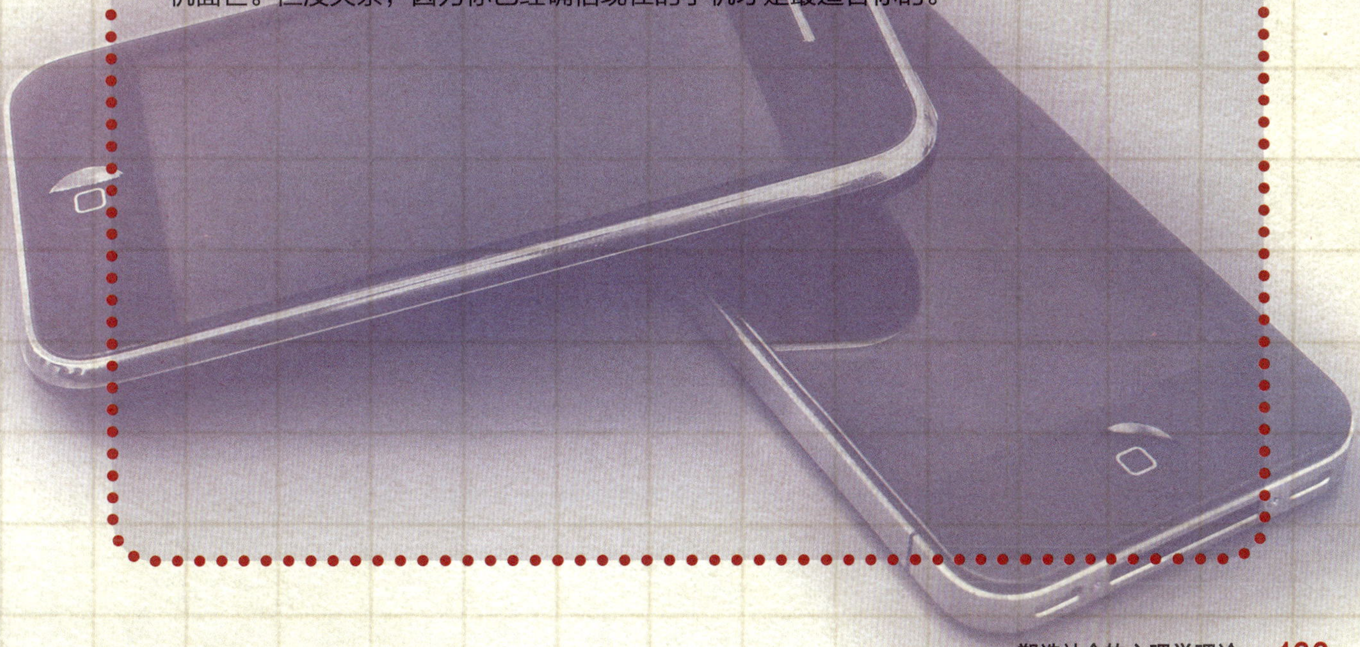

计划行为理论　这一理论由艾斯克·阿耶兹于1985年提出，它发展自理性行为理论，将“行为控制认知”纳入影响个体行事方式的一系列因素当中。

知觉行为控制是指个体对自己执行某个目标行为的能力的预期。例如，桑黛可能想减肥（意图），因为她认为超重是不健康的（态度）。这一意图可能会受到她的朋友的影响——如果她们都在吃奶油蛋糕，桑黛可能很难抵御诱惑（主观规范）。此外，如果桑黛认为自己可能缺乏坚持减肥的意志，因为她过去多次尝试都以失败告终（知觉行为控制），这也会对她希望饮食健康的意图造成不利影响——她更有可能沉迷于高脂高糖食物。

说服的精细加工可能性模型

毋庸置疑，态度是可以被反转改变的，广告营销和健康知识的宣传都旨在达成这一目标。理查德·佩蒂（Richard E. Petty）和约翰·卡乔波（John Cacioppo）在20世纪80年代中期提出了说服的精细加工可能性模型（ELM），这个模型描述了态度是如何形成和改变的。它提出了两条可以导致态度或信念改变的主要说服路径：中心路径和外周路径。

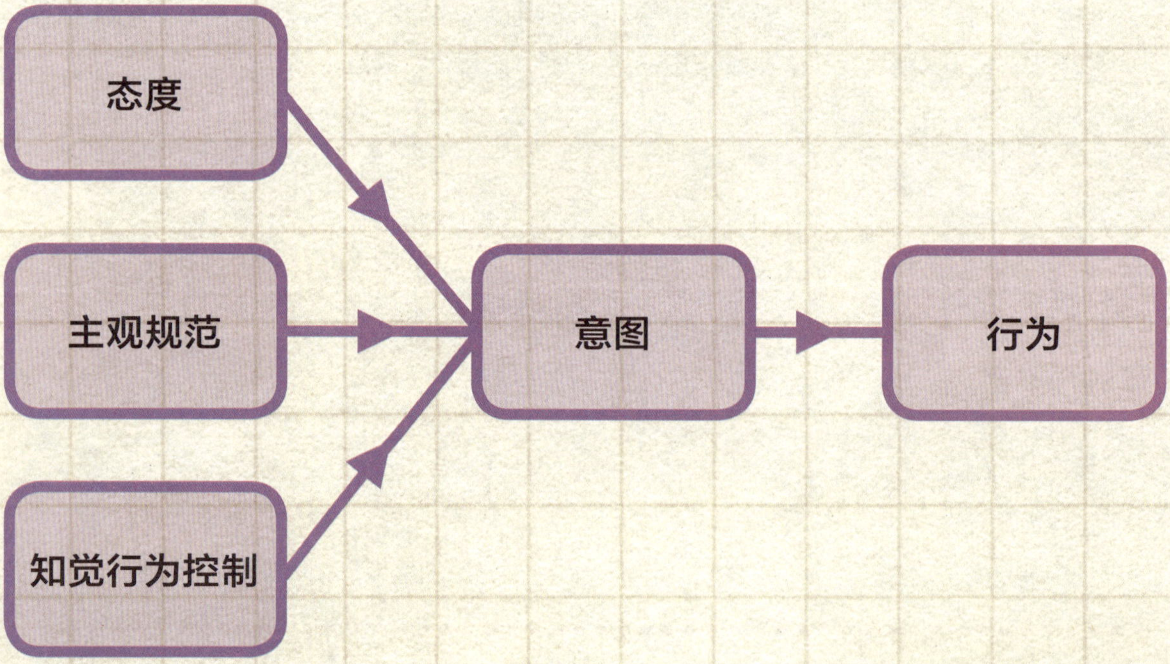

从中心路径的视角看，说服是个体对优缺点进行仔细考量和谨慎选择后出现的结果，由此产生的态度变化将是相对持久，不容易改变的。如果接收信息的对象有动机和能力去对接收到的信息进行关注和思考，说服的中心路径就被启动了。因此，一些对减肥、戒烟或尝试新品牌化妆品有热情的人很容易接受中心路径的说服。

但是，很多时候，当我们试图让某人改变态度时，那个被游说的人对此其实并没有多少兴趣，或者他们缺乏能力去关注和处理相关信息。这时就需要采取说服的外周路径，这一路径的说服是信息或传播者给被说服者带来的感受造成的结果，而不涉及对信息的深入处理（包括去思考信息背后真正的含义）。在这种情况下，信息来源的可信度或吸引力、信息的质量等因素可能比内容质量本身（中央路径）具有更大的影响。这就是为什么广告代言人往往是受欢迎的明星或穿着白大褂的科学家。换句话说，在这种情况下，我们对信息的接受程度主要与对发言者的喜爱程度有关，而他们所表达的实际内容其实没那么重要。外周路径带来的态度变化很可能是暂时的。

通过中心路径来进行说服更有利于实现态度的持续转变，许多倡导健康行为的宣传都试图达成这个目标。让人们采取中心路径的最佳方式之一，是尝试使信息与他们自身产生关联，如找与目标群体有相似特征（年龄、性别、外观）的代言人——这就是为什么黄油或牛奶广告会着重描绘“普通”家庭主妇这一形象。恐惧也可以有效地吸引人们的关注，因此许多健康行为宣传会借助骇人的图像来传达信息。（但如果恐惧过于强烈，可能适得其反，激起个体的战斗或逃跑反应——见下文。）

战斗或逃跑反应

1915年，美国生理学家怀特·坎农（Walter Cannon）首次提出了战斗或逃跑反应这个概念，这是人们用以回应急性压力源的心理现象。当我们遇到突然的压力源时，我们的身体会触发相应的反应，帮助我们应对目前的处境。

这一反应的目的是为我们身体的重要部位提供额外的能量，尤其是四肢（让我们可以选择逃跑或留下来战斗）。这就是为什么在严重的压力情境下，人们有时可能表现出超人的能力，如将一辆汽车举起来去解救被困的小孩。为了将这种额外的能量（以血糖的形式）输送到身体四肢，我们身体会释放出各种激素（如肾上腺素），使心脏能够更快地泵送血液，从而迅速将血糖输送到目的地。我们的呼吸也变得更快、更浅，以便迅速将氧气送抵肺部。这就是为什么我们在惊慌失措之后，会感到颤抖、气喘，心跳像刚刚百米冲刺完一样快。

战斗或逃跑反应的问题在于，这是为应对偶然的短期压力源而准备的。但是，在现代社会，我们经常会处于长期的压力状态之下，战斗或逃跑反应也因而经常被持续激活。这会导致一系列对健康产生不良影响的症状，如血压升高或胃病（当我们感受到压力时，血液会从胃部等非必需功能部位转移出去）。有关战斗或逃跑机制的更多内容，请参阅第191页。

小测验

你应该使用哪种路径来说服别人？

想象一下，你想说服某人做某件事，如购买某个产品、观看某部电影或在某家餐馆进餐。你应该使用中央路径还是外周路径？这个测验会帮助你找出答案。

对方对该领域感兴趣吗（例如，他们是否曾主动找人帮忙选择某部电影或某个产品）？或者，你试图“强卖”（cold seel，对方实际上不需要这些信息。例如，他们接下来并不打算去任何餐馆）？

对方感兴趣吗？

对方留心听你说话吗？

是

你有足够时间进行一次说服吗？

是

对方觉得你所说的信息和他们有关吗？（只有对方对这个内容本身感兴趣，才比较符合这种情况。例如，如果对方讨厌运动的话，试图说服对方买某件运动衫就没有任何意义。）

是

选择中心路径：你可以有逻辑地列出合理的理据，并尽量提供更多的相关资讯。

试着强卖

对方是否心不在焉？

是

你是否需要快速表明观点？

是

你的内容是否契合对方的个人特点？（例如，你向对方推荐的餐厅是不是在他家附近？）

否

选择外周路径：不要试图用实在的资讯来说服对方，提一些更浅显的东西，如某个名人特别认可这一产品。

PSYCHOLOGY EXPERIMENTS THAT CHANGED THE WORLD

第三部分

改变世界的心理学实验

正如第39页所言，心理学知识的发展通常是通过实验来实现的。历史上有很多非常巧妙的实验，它们催生了一系列与人类行为相关的极具影响力的理论。然而，基于伦理原因，很多这些实验已经无法重复了（见第183页）。在这个部分，我们将介绍一些著名的心理学实验。

那些著名的实验

PSYCHOLOGY EXPERIMENTS

斯坦福监狱实验

1971年8月14日，心理学教授菲利普·津巴多（Philip Zimbardo）开始了一项实验，这场实验至今仍然是心理学教学、研究和讨论的焦点。这项研究在美国加利福尼亚州斯坦福大学进行，旨在研究人们在被赋予高于他人的权力后的行为表现。他们会滥用这种权力吗？普通人会变得像监狱中的囚犯一样残酷、暴虐吗？他们会越界多少？这可以用于解释监狱中的霸凌行为吗？与此同时，津巴多还对人们在面对权威时发生的变化感兴趣。他们会变得更顺从还是更反叛？这项研究的一个关键目标，是阐明人的行为有多少是由固有的人格特质导致的，又有多少会受到所处环境的影响。

这个实验发生在斯坦福大学心理学楼地下室的一个仿监狱场景中，津巴多和他的团队尽可能将环境布置成现实中监狱的样子。他们从最初报名的75人中筛选出了24名心理稳定性最好的男生，将其随机分配为囚犯或警卫，并告知他们需要在两周的时间内一直扮演这个身份。他们每天能得到15美元的报酬。

最初，津巴多设计这个实验的目的，是想通过“囚犯”这一身份设定启动被试的迷茫感，降低其自我感，并实现去个体化（丧失个性和个体责任感）。警卫不允许对囚犯动手，但可以操纵他们做事情，随意侵犯他们的隐私，让他们感觉疲惫沮丧，磨灭他们的个性（如只用数字称呼他们），剥夺他们的权利，或者控制他们的生活。他还为警卫们配备了警棍、镜面太阳镜（以避免和囚犯产生目光接触）和其他制服设备。

为了使情境尽可能真实，津巴多请当地警察局帮忙，让警察从被试家中“逮捕”他们，并以持械抢劫“控告”他们。他们还会对囚犯进行全套的信息采集程序，如录入指纹、拍摄大头照。接下来才是实验真正的开始：当囚犯们到达监狱时，他们被要求剥光衣服，不允许有所遮盖，取出所有的私人财物并被分别关押。接着，他们会被分配一个身份标识，并穿上不舒适的监狱囚服。

警卫们几乎立刻进入角色中，他们开始用不屑的态度对待囚犯，肆意贬低他们，并要求他们服从规则和命令。他们派给囚犯们毫无意义的无聊任务，并且毫无人性地对待他们。事情发展到最后，警卫做出的一些惩罚已经相当残酷了。例如，让囚犯拿水桶做厕所（并且不允许清洁），命令他们赤身裸体，让他们睡在水泥地上，以及将他们锁在黑暗的橱柜中。

囚犯们又怎样呢？他们也很快适应了自己的新角色，做出了和真正的囚犯一样的行为。例如，对监狱规则非常感兴趣，打其他囚犯的小报告（以此获得警卫赞许），并越来越顺从于强权的警卫（警卫

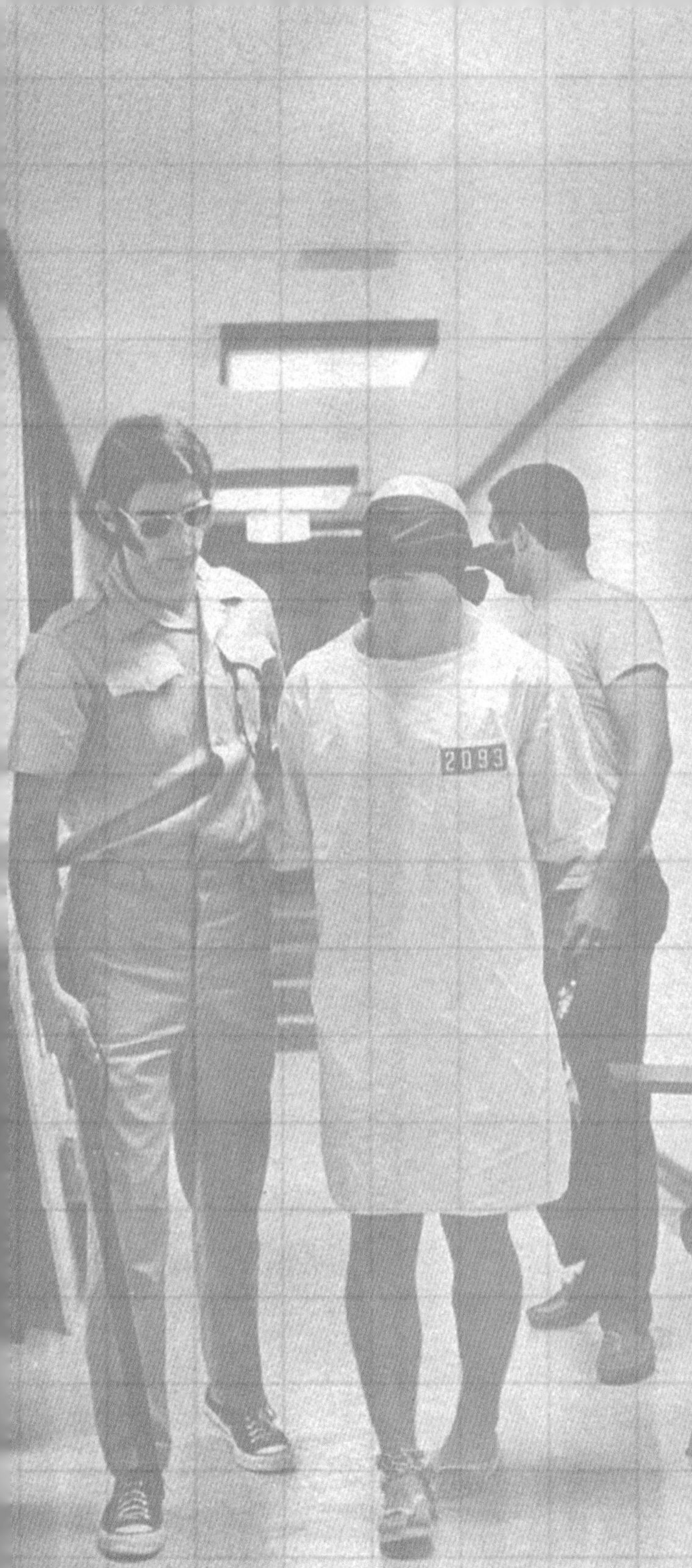

在斯坦福监狱实验中，研究者设置了很多道具，使“监狱”尽可能贴近现实。

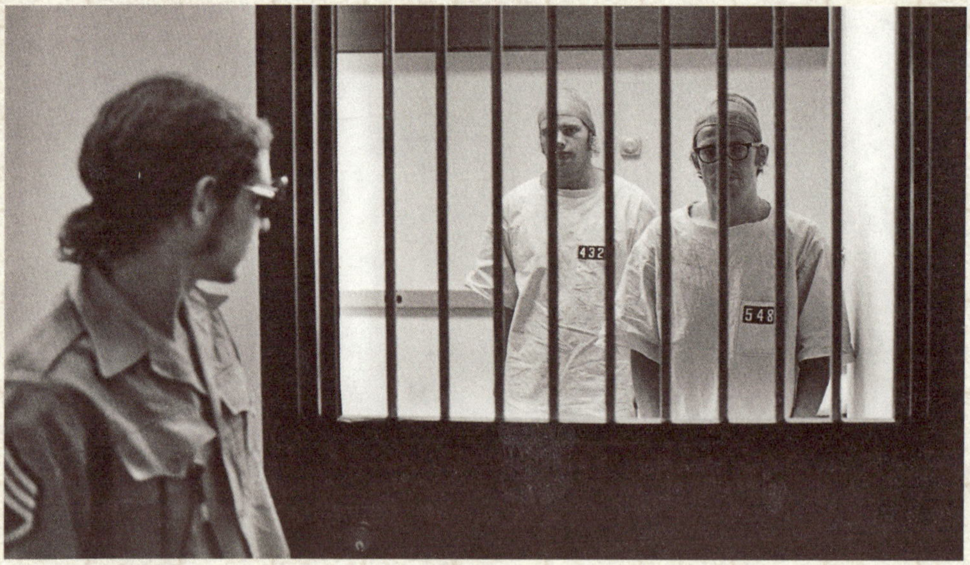

在实验中，囚犯和警卫很快进入了预期角色。

则变得更加决绝，对他们控制更严）。

斯坦福大学的博士克里斯蒂娜·马斯勒（Christina Maslach）在6天后叫停了这一实验（她后来也成为一名杰出的心理学家，并与津巴多结婚）。在参观实验“设置”之后，她对自己所看到的情境感到十分心寒。

但是，这项研究表明，人们确实很容易顺从期望，去扮演相应的社会角色，尤其当他们对预期行为存在很强的刻板印象时。这些“警卫”之前都没有表现出任何可能实施虐待行为的特征，因此这项实验似乎佐证了以下事实：驱使人们做出残忍行为的关键是环境，而不是性格。进一步说，这是否还可以解释纽约双子塔袭击者的自杀式行为，以及在伊拉克的阿布格莱布监狱中，美军做出的那些臭名昭著的虐囚行为？

2002年，英国心理学家亚历克斯·哈斯拉姆（Alex Haslam）和史蒂夫·赖歇尔（Steve Reicher）受英国广播公司所托，部分复制了这个著名的实验。英国广播公司的监狱研究目前仍然是英国心理学高考大纲中的核心内容。

PSYCHOLOGY EXPERIMENTS

米尔格拉姆的电击研究

这一研究依然和对权威的服从有关。如果有人要求你去电击另一个人，你会如何反应？你会拒绝吗？如果对方是一位身穿白大褂的杰出心理学家，并命令你必须这样做呢？大多数人可能认为自己不会服从，这并不奇怪，因为当今社会并不提倡盲目遵从命令（也许这也是本章节所介绍的一些实验带来的影响），所以我们不会轻易服从。但是，在1961年，情况和现在就不太一样了。当然，在米尔格拉姆的电击研究结果问世之后，人们大概再也不会像以前一样轻易服从了。

米尔格拉姆实验旨在研究人们对权威形象的服从行为，这一实验由美国心理学家斯坦利·米尔格拉姆（Stanley Milgram，1933—1984）主导。这一系列实验希望了解人们在多大程度上会服从权威人士的命令，做出给别人造成痛苦的行为。1963年，《变态和社会心理学杂志》（*Journal of Abnormal and Social Psychology*）发表文章报告了米尔格拉姆的工作。而在1974年，他在自己的著作《对权威的服从:一次逼近人性真相的心理学实验》（*Obedience to Authority: An Experimental View*）中详细讲述了实验过程和研究结果。

实验开始于1961年夏，正是在耶路撒冷开始对恶名昭著的德国纳粹分子阿道夫·艾希曼展开审判的三个月后。米尔格拉姆出生在美国（他的父母是犹太移民，他认为如果当初父母没有从布拉格移民，自己也可能成为希特勒暴行的受害者），他想知道艾希曼和他的同谋是否像其宣称的那样，只是在单纯地服从命令。于是，他设计了这一实验，探究普通人是否会服从权威人士的命令，给他人造成痛苦。

该研究由一个“老师”和一个“学生”组成。“老师”即米尔格拉姆的实验对象，而“学生”实际上是实验者的同盟，当老师实施电击时，他会假装表现得很痛苦。

老师会拿到一份单词对列表，并被告知需要给学生阅读每题的第一个单词和四个可能的答案，然后学生需要按下按钮来选择其中一个。如果学生选择了错误的答案，教师就会被命令向学生施加“电击”，每错一个答案，电压就以15伏的比率递增。如果选择正确，老师就会继续读下一题的单词。老师们都相信学生正在受到令人痛苦的电击折磨。但事实上，整个实验并没有进行任何真正的电击。

在电击的电压上升之后，学生会开始痛苦地敲打墙壁，而老师仍被命令继续进行实验。在敲打墙壁数次后，学生开始哀求，表示自己患有心脏病，希望能停止电击。而当电压继续提升到一定程度后，学生会突然沉默，失去反应。

到这个时候，许多参加实验的“老师”都会变得十分惊慌，想去看看学生的状况。有人希望停止实验，并质疑实验的目的。然而，在穿着白大褂的实验者向被试保证他们不用承担任何责任后，大多数人还是继续进行实验——不少人甚至在得到必须继续的指令后，毫不迟疑继续下去了。

在开始这个实验之前，米尔格拉姆曾向耶鲁大学的心理学学生、精神病学家，还有他的同事做过调查，请他们预测老师的行为。他发现，大多数人都不认为老师会对学生施加最大电压的电击。

然而，65%的被试在实验中向学生施加了最高等级（450伏）的电击，尽管其中大多数人在这样做的时候表现得十分挣扎。这项研究表明，即使明知道会对别人造成痛苦，个体也很难违抗权威的命令。

米尔格拉姆的研究促使心理学家开展了无数后续研究，甚至还对流行文化领域造成影响。它启发了许多歌曲的创作，包括彼得·盖布瑞尔（Peter Gabriel）的《我们听命行事》[*We Do What We're Tald*（*Milgram's 37*）]和达尔·威廉姆斯（Dar Williams）的《蜂鸣》（*Buzzer*）等。受此影响的还有法国电视游戏“Le jeu de la mort”（死亡游戏）、电视节目《法律、命令和尸骸》（*Law and Order and Bones*）、威廉·沙特纳（William Shatner）制作的电视电影，以及米尔格拉姆本人的传记电影，片中的他由彼得·萨斯加德（Peter Sarsgaard）饰演。

PSYCHOLOGY EXPERIMENTS

阿希从众研究

想象一下，你在学校里参加了一项心理学实验。你碰见其他参与者，并和他们一起等待实验者的指示。随后，你被分到两张牌，一张只画着一条竖线，另一张画着三条长度不一的直线，分别被标记为A、B、C。你的任务是选出三条直线中和另一张图片上的直线长度相等的一条。这听起来很简单吧！

实验开始，每个参与者都报告了他们认为长度相等的线条，你是最后一个报告的人。因为每次都能很轻易地找出长度相等的那条线，你觉得这任务真是太简单了。但是，突然之间情况似乎有点变化。在第三次实验中，你明明觉得线条C与目标线的长度完全相同，但其他参与者都说线条A是最符合的。他们的答案让你感到很困惑——明眼人都看得出C才是正确的答案。这时，你会怎么做？你是否有勇气坚持己见，说出C这个答案？抑或随大流选择A？

这正是所罗门·阿希（Solomon Asch，1907—1996）在1951年进行的著名的从众实验，它改变了人们对于从众及团队压力的看法。他的实验建立在穆扎弗·谢里夫（Muzafer Sherif，1906—1988）的从众研究基础上，后者利用了自主运动效应（见第147页）进行研究。谢里夫发现，大多数人对光点运动距离的估计值会受到大众观点的影响。而阿希希望用客观的判断标准来重复这一研究。

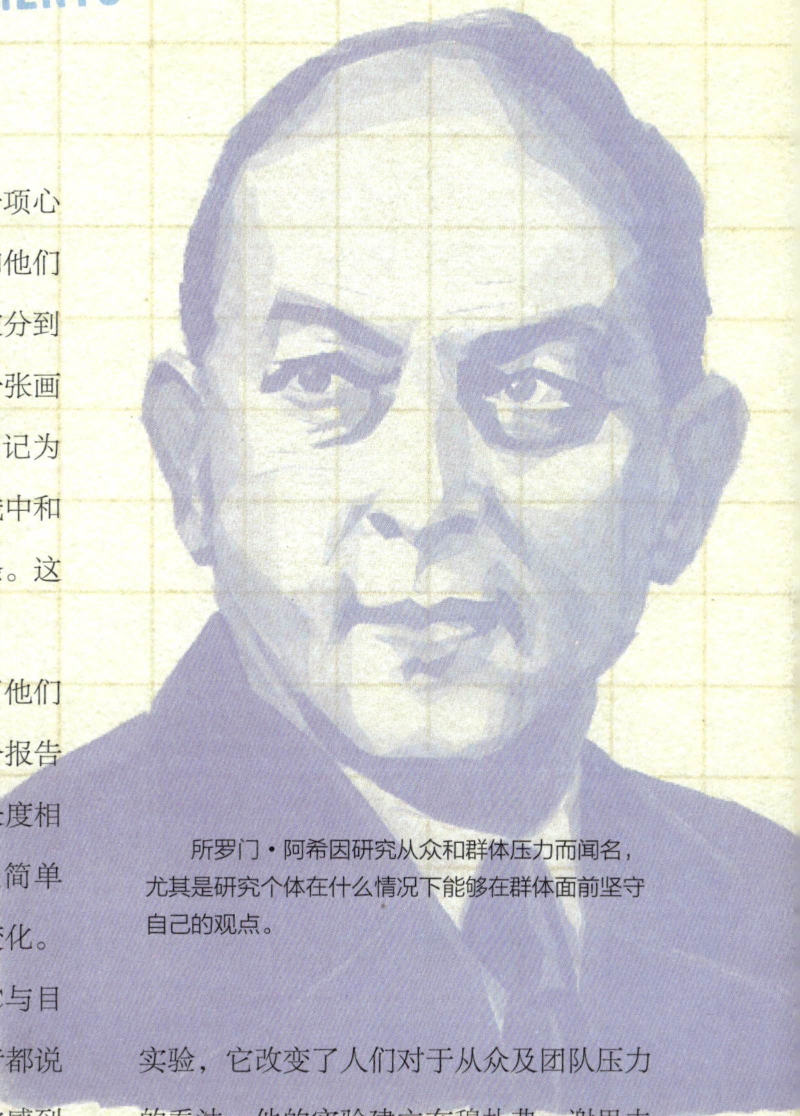

所罗门·阿希因研究从众和群体压力而闻名，尤其是研究个体在什么情况下能够在群体面前坚守自己的观点。

让阿希感兴趣的是，由主流群体带来的社会压力在多大程度上会让个体选择从众。

阿希想知道，当答案明显错误的时候，有多少人会顺从主流意见。为了达到这一目的，每个被试都需要和另外七个人一起待在房间中。被试们以为另外七个人和自己一样都是被试，但实际上，他们都是阿希的同伙，并且每次都会给出一致的错误答案。

共有50名被试进行了12次实验，当中约75%的人做出至少一次从众（给出明显错误的答案）行为，只有25%的参与者完全没有做出从众行为。之后，当问到那些做出从众行为的人为什么违背眼前的事实，大多数人解释是因为害怕被其他人嘲

笑，希望能融入集体（这种现象之后被称为“规范性影响”）。还有一些人认为，其他人一定知道一些自己不知道的东西（这被称为“信息性影响”）。这二者都会影响个体从众的可能性。

阿希还进行了一系列相关实验，以探究其他可能影响人们从众程度的因素。例如，他发现如果小组中还有另一个人给出正确答案，从众的概率会大幅下降。显然，拥有一个盟友是对抗群体压力的绝佳保护因素。他还发现，如果将线条设置得更为相似，让任务变得更加艰难，从众的可能性也会相应增加。这说明当感到不确定时，我们会参考其他人的选择。

试一试

创造自主运动效应

在黑暗的房间里，眼睛的微小移动都会使固定的光点看起来像在不断移动。这是因为眼睛缺乏固定的参照物。这就是所谓自主运动效应。如果想要亲自体验一下，你可以用针在一张卡片上戳出一个小孔，然后在一个完全黑暗的房间里，用手电照射卡片，使光源透过小孔投射到墙壁上。这时盯着墙壁看，你会发现光点似乎是在移动。

小艾伯特实验

约翰·华生（我们在第16页与行为主义相关的内容中介绍过他）在1920年主导进行了小艾伯特实验，这一实验有助于我们进一步理解经典条件反射（见第97页）。该研究的目标是将会让人焦虑的东西（巨大的噪声）与中性的刺激相联系，从而建立起孩子与恐惧相关的条件反射，以展示害怕和恐怖症是如何被习得的。

华生在自己工作的约翰霍普金斯大学医院招募了一名9个月大的婴儿，这个孩子名为艾伯特。在实验前，艾伯特的心理状况是完全健康的。华生发现，这个孩子很喜欢和包括小白兔、老鼠、狗、猴子、面具还有棉花在内的东西玩耍，在玩耍时没有一丝恐惧情绪。在实验中，他把孩子放在地板上，让他和小白鼠一起愉快玩耍。但是，每当他碰到白鼠时，华生和他的同事就会在艾伯特的视线之外，用一把锤子重重地敲击铁棒。毫无疑问，这会使艾伯特感到极度恐惧，他会大声哭泣，表现得十分痛苦。

这样过了一段时间之后，华生发现，只是小白鼠（没有巨响）就足以使小艾伯特产生恐惧反应了。这个男孩把白鼠（最初是中性刺激，现在是条件刺激）和巨大的噪声（无条件刺激）联系在一起，从而产生了恐惧或哭闹的情绪反应（这最初是对噪声这一无条件刺激的反应，现在是对白鼠的条件反射）。这和巴甫洛夫对狗所做的实验中运用的经典条件反射（见第97页）原理是相同的。

小艾伯特的恐惧似乎还泛化到了其他毛茸茸的东西上。几天后，当华生把一只不是白色的兔子送进房间时，艾伯特也表

约翰·华生通过条件反射，将小艾伯特新习得的老鼠恐惧泛化到其他毛茸茸的物体上。这些物体包括兔子，甚至圣诞老人的胡子。

现得很痛苦。他在看到一只毛茸茸的狗以及一件海豹皮外套时，也表现出类似的反应。甚至当华生戴着一个白色棉花胡子做的圣诞老人面具出现在他面前时，小艾伯特都表现得很惊恐和痛苦。

华生用这一发现来佐证自己提出的学习理论，但小艾伯特再也没能从这一恐惧中恢复过来。尽管人们很努力地寻找他，但我们仍不知道他在被母亲（据称并不同意进行这一实验）从医院带走后的情况如何。2009年，心理学家霍尔·贝克（Hall P. Beck）和沙曼·莱文森（Sharman Levinson）发表了一篇文章，声称他们发现"艾伯特"的真实身份是道格拉斯·梅里特（Douglas Merritte）。他的母亲名为阿尔维拉·梅里特（Arvilla Merritte），当时在学校里的哈里特巷残疾儿童中心当保姆。不幸的是，道格拉斯在6岁时就因脑积水而早早夭折。

随后，部分研究者对道格拉斯就是艾伯特这一观点提出质疑，并指出威廉·巴格（William Barger）才是真正的小艾伯特。巴格在2007年去世，享年87岁，他似乎符合华生记录中的许多细节，而且终其一生都很害怕狗。

小汉斯

和小艾伯特一样，小汉斯的情况也和恐怖症有关，但不是由实验造成的。事实上，这一臭名昭著的案例源于精神分析之父西格蒙德·弗洛伊德（我们在第31页介绍过他）就小汉斯对马的恐惧进行的治疗。

1909年，弗洛伊德在《对五岁男孩恐怖症的分析》（*Analysis of a Phobia in a Five-year-old Boy*）一文中，报告了小汉斯的治疗概况。在此文中，他提出了恋母情结理论（见第152页），并以此来解释这个小男孩对马的焦虑和恐惧。

实际上，弗洛伊德从未对汉斯进行过任何面对面的治疗，仅仅通过和汉斯父亲通信来了解情况。汉斯的父亲是弗洛伊德的朋友，对其理论非常熟悉。他给弗洛伊德写信，是因为他觉得对方可能对汉斯的情况感兴趣。根据信件内容，汉斯的父亲似乎是在孩子3岁时第一次和弗洛伊德联系，他发现汉斯对自己和别人的阴茎十分感兴趣。他的母亲甚至因此警告他，说如果他再继续摸自己阴茎的话，会让医生切断它。

在汉斯约5岁时，他的父亲写信告诉弗洛伊德，说汉斯担心马会咬他。汉斯家紧挨着繁忙的街道，他目睹过好几起和马有关的事故。因为恐惧症，汉斯不愿离开家门。他似乎特别害怕戴着黑色马嚼环和眼罩的白马，弗洛伊德认为这一意象代表了他的父亲（汉斯的父亲有一脸黑胡子，并且戴眼镜）。

弗洛伊德的解释是，汉斯害怕这匹马（他的父亲）会咬他（阉割的象征），以惩罚他对母亲的性幻想。后来，汉斯出现了两个重要的幻想，也就是在这段时间，他对马的恐惧渐渐消退了。在第一个幻想中，汉斯有了几个想象出来的孩子，并声称自己母亲是这些孩子的母亲，而自己父亲则是他们的祖父。在第二个幻想中，汉斯想象有一个水管工给他换了一个更大的

小汉斯的害怕情绪始于恐马。

阴茎和屁股。弗洛伊德认为，当汉斯幻想自己有着和父亲一样大的阴茎，并和母亲结婚时，他的恋母情结就解决了。他的父亲也在幻想中有一席之地，不过扮演的是祖父的角色。

俄狄浦斯情结

小汉斯是关于俄狄浦斯情结的著名案例。西格蒙德·弗洛伊德创造了这一术语，代指孩子（包括男女）对异性父母的性欲。弗洛伊德认为，“性心理”的发展有五个阶段，俄狄浦斯情结发生在第三阶段，即3～6岁的时候。

这五个发展阶段如下表：

1. 口腔期	从出生起到约15个月大，个体通过嘴巴获得满足（吃、哭等）。
2. 肛门期	从大约15个月到3岁，孩子从排泄中获得乐趣和控制感，焦点从口腔转移到肛门。
3. 性器期	3～6岁时，儿童对自己生殖器的兴趣增加，并对其他人的身体表现出好奇。
4. 潜伏期	从6岁到青春期，孩子的驱力被压抑。
5. 生殖期	从青春期开始。

在弗洛伊德的经典精神分析理论中，儿童对同性父母的认同是解决俄狄浦斯情结的方法，也是发展出成熟的性别角色和身份所必需的关键心理体验。他进一步提出，男孩和女孩会以不同的方式体验这一情结：男孩是阉割焦虑，女孩则是阴茎嫉妒。

弗洛伊德用小汉斯的例子来说明孩子对马匹的恐惧与俄狄浦斯情结有关。他认为，在性器期，男孩会对母亲产生强烈的性的感觉，这会让他将父亲视作对手，下意识地想要摆脱父亲。然而，因为这时候的父亲比小男孩年长得多，也强壮得多，所以孩子会感到恐惧，害怕自己会被阉割。（汉斯的父亲后来向他保证这绝不会发生，这个保证似乎的确有所帮助。）

弗洛伊德认为，汉斯的症状是处在正常发展阶段的合理表现。事实上，当汉斯19岁时，他和弗洛伊德见了一面，看起来心理十分健康。无论如何，大家都会永远记得这个在不自知的情况下，被弗洛伊德记载在案，作为精神分析案例的小男孩。

俄狄浦斯是神话中的希腊国王，他杀死了自己的父亲并与母亲结婚。弗洛伊德以他的名字命名类似的心理状态，即俄狄浦斯情结。

小汉斯长大后成为赫伯特·格拉夫（Herbert Graf），他是萨尔茨堡纽约大都会歌剧院和伦敦皇家歌剧院的著名歌剧制作人。他在1973年逝世。

PSYCHOLOGY EXPERIMENTS

哈洛的猴子实验

在第112页，我们用依恋理论解释了儿童是如何与养育者建立起紧密的情感纽带的。正如我们之前所介绍，约翰·鲍尔比和玛丽·安斯沃思是这个领域最著名的其中两位专家。然而，还有一位名为哈里·哈洛（Harry Harlow，1905—1981）的心理学家，通过一个备受争议的实验，极大地帮助人们了解建立依恋的重要性。他设计了著名的猴子实验，研究当幼猴被“剥夺”了慈爱的母亲后会产生什么后果（显然，科学家不能用人类婴儿来做这个研究，只能选择与人类最为相近的动物了）。

哈里·哈洛是一名美国心理学家，他的大部分研究都在威斯康星大学麦迪逊分校进行。1932年，为了进行与认知过程相关的研究，他创立了一个恒河猴繁殖中心。在研究过程中，一些初生幼猴和母猴被人为地分开了。尽管哈洛和他的团队及时满足了这些幼猴的生理需求，但还是发现，这些被人工照料的幼猴和被母猴养育的幼猴存在明显差异。它们深居简出，不和其他猴子接触，社交能力较差（会表现出过度的恐惧或者攻击性），并且很依赖尿布。由此，哈洛决定研究母亲和婴儿之间的情感纽带。为什么婴儿会对自己的母亲产生依恋？这是因为母亲能为婴儿提供食物，还是因为它们需要来自母亲的爱和抚慰呢？

为此，哈洛用铁丝和木头制造了恒河猴的“代母”。他发现，每只幼猴都特别喜欢依附于特定的代母，它们能记住自己代母的长相，也更偏爱自己的代母。随后，哈洛想知道幼猴们会更偏爱外表光秃秃的“铁丝母猴”，还是包裹着柔软外衣的“绒布母猴”。除此之外，他还想研究代母提供食物的作用对幼猴来说有多重要。为此，他设计了两种情境。在第一种情境中，铁丝母猴身上有一个装着食物的

幼猴大部分时间蜷缩在“绒布母猴”身上，只有在需要食物，或者进行短暂的玩耍时才会离开。

瓶子，而绒布母猴没有。而在另一种情境中，绒布母猴身上带有食物瓶，而铁丝母猴没有。

研究发现，幼猴明显更喜欢蜷缩在绒布母猴身上。就算铁丝母猴身上有食物，幼猴也只在吃东西的时候去找它们，吃完又会回到绒布母猴身上。经统计，幼猴每天会在绒布母猴身上停留17小时，而在铁丝母猴身上的零碎时间加起来也仅有1小时。由此，哈洛得出结论，母婴关系的建立不仅在于母亲能提供食物。不论是人类还是猴子，在健康成长的过程中都需要获得“身体接触的舒适感”。实验还发现，幼猴会把绒布母猴当作它们向外探索的“大本营”，一旦它们被巨大的声响或奇怪的物体吓到，就会迅速跑回绒布母猴身边。（为了实验，哈洛还创造了一种吓人的机械生物，用来扮演“大魔王”角色。这种机械生物会四处移动和拍打，制造巨大的声响。）换句话说，幼猴之所以依恋绒布母猴，是为了获得温暖以及接触的舒适感。尽管铁丝母猴身上有食物，它们也不会与这种摸起来坚硬冰冷的代母建立依恋关系。

在另一个实验里，哈洛将那些已经从铁丝母猴处断奶的猴子放到一个完全陌生

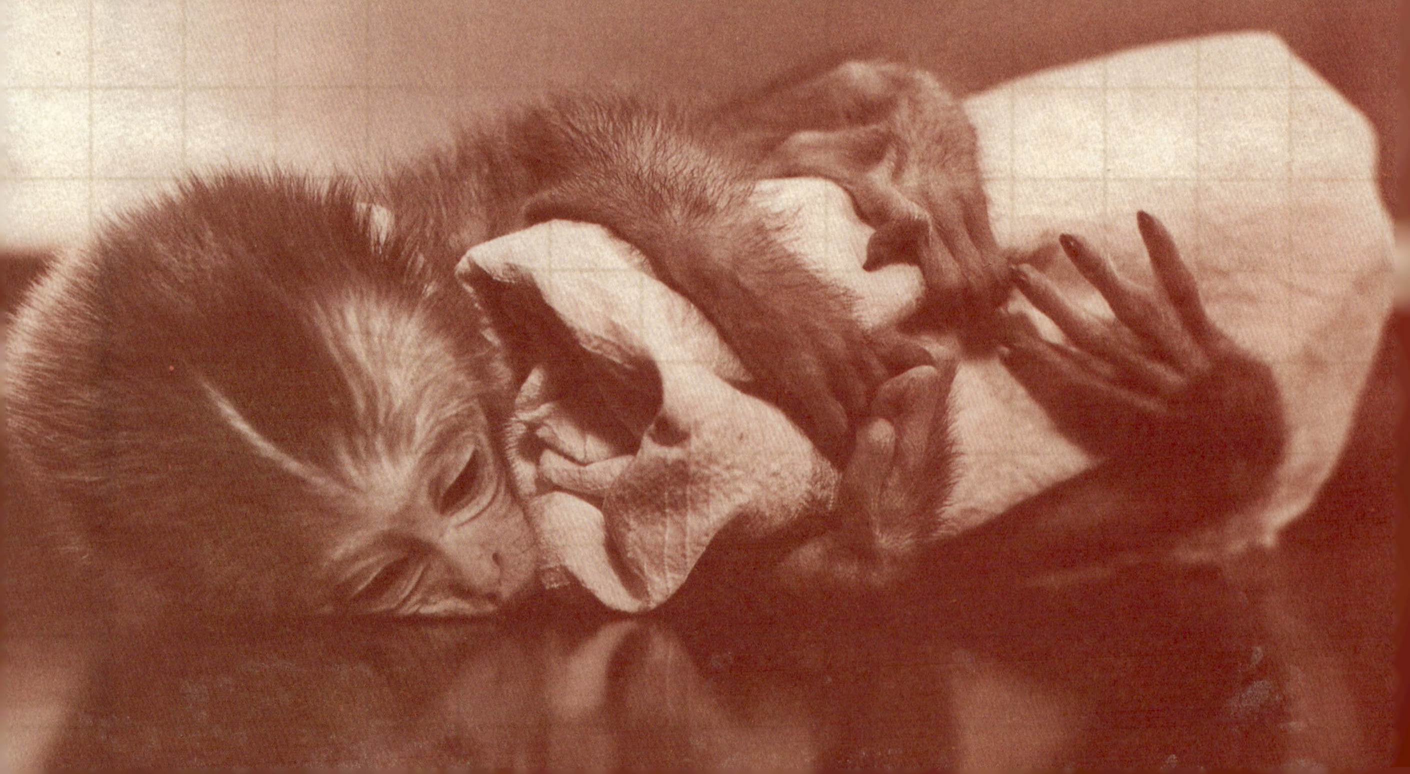

幼猴仅仅在需要食物的时候才会找“铁丝母猴”，他们更喜欢依偎着绒布母猴的舒适感。

的环境里。当绒布母猴在的时候，幼猴都会依偎在“她”身上。而当只有铁丝母猴在时，幼猴们都宁愿到柔软的尿布上面去寻求舒适感。这再一次表明身体接触的舒适感比单纯的食物获得更加重要。

由铁丝母猴“抚育”长大的幼猴并不能正常发展。它们发育不良，不会社交，很容易紧张，并且不能像其他猴子一样轻易地交配。即使交配成功，也无法成为称职的母亲。

1958年，哈洛的实验发表在一篇名为《爱的本质》（*The Nature of Love*）的论文上，引起广泛争议。在实验中，刚出生的幼猴被关在隔离室长达24个月，仅由人工喂养，这些幼猴在之后都出现严重的异常问题。有人认为，这些实验造成的社会反响甚至推动了美国动物解放运动的兴起。

哈洛的研究结果也改变了大众的育儿观。在过去，人们都认为满足儿童的生理需求是最重要的，过度的情感照料会把孩子宠坏，母亲的责任是提供食物，而不是舒适感。而且，哈洛还推断儿童也能从父亲处得到情感需求的满足，这种观点在当时来说是很超前的。这个研究还改变了托儿所、孤儿院和医院照料儿童的方式。在那之后，儿童的照料者们知道除了提供食物之外，提供身体接触的舒适感和温暖的感觉也同样重要。

用来照顾早产儿的“袋鼠护理法”的发明也归功于哈洛的研究。早产儿在刚出生的阶段很依赖婴儿床上的医疗机器，而“袋鼠护理法”鼓励母亲应该和早产儿有尽可能多的身体接触。

PSYCHOLOGY EXPERIMENTS

波波玩偶实验

20世纪60年代，电视逐渐走进千家万户，许多社会评论家开始担忧电视播出的内容会造成不良影响（时至今日，这种担忧依然存在）。接下来要介绍的波波玩偶实验是一个非常具有影响力的系列研究，它想探讨的是，儿童是否会因为看到攻击行为而变得具有攻击性。电视和电影播出的暴力场面真的会让儿童变得更暴力吗？

阿尔伯特·班杜拉是这个实验的负责人。（在本书第32页，我们已经对他有所介绍，他在20世纪最重要心理学家排行中名列第四。在第101页，我们还介绍过他的社会学习理论。）班杜拉认为，大多数行为都是习得的，而不是基因导致的。他希望证明，人们的攻击性同样是学习而来的，而非与生俱来的人格特征。实验道具“波波”是一个约1.5米高的充气玩偶，当被击倒之后，它能够重新恢复直立的状态。

班杜拉和他的同事选择了一批3～6岁的儿童来参与这个实验。在挑选之前，他们邀请任教老师来给这些儿童的人格特点进行评分，因为他们希望挑选出不带有明显攻击性的儿童来参加实验。挑选过后，他们将儿童分成三组：控制组、“攻击”组和“非攻击”组。每个儿童都会被实验人员亲自带到一个房间内，房间里有包括玩偶波波在内的各种玩具。实验人员让控制组的儿童在房间里随意玩耍。在“攻击”组中，一个实验人员会在房间角落用小锤子敲打波波。在“非攻击”组中，同样有一个实验人员在房间里，但他只会平静地玩玩具。

随后，实验人员通过一个小伎俩来诱发儿童的攻击性。他们向儿童展示一些很可爱的玩具，但又告诉他们这些玩具要留给别的孩子，不能玩。之后，他们把儿童带到另一个房间，房间里有很多小玩具，还放着玩偶波波和一个小锤子。实验人员观察儿童的表现，结果不出所料，那些看到过别人敲打波波的儿童也会对波波“施暴”。

研究表明，儿童很可能会模仿所看到的成人攻击行为，这也许是因为他们觉得“大人也这样”，从而正常化了这一行为。另外，当时的人普遍认为，奖励和惩罚是塑造学习行为最重要的手段，而这个实验也颠覆了这一观点。

波波玩偶实验表明，儿童可能因为在电视上看到暴力信息而变成一个具有攻击性的人。然而，后来也有很多批评者对实验得出的结果表示怀疑。

目睹成人敲打波波的儿童更可能模仿这种攻击行为，对波波“施暴”。

波波玩偶实验的结果提示，儿童的暴力行为可能与暴力电子游戏有关。

对实验结果的质疑主要集中在以下几点：

- 玩偶在被击倒后会重新弹起，儿童可能因而将其视为一个游戏，不会觉得自己在实施暴力。
- “攻击玩偶”和“攻击真实的人”非常不同，不可随便相提并论。
- 研究设置是以实验室场景为基础的，因此结果可能无法推广到真实生活。此外，所有参与实验的儿童都来自同一个托儿所，他们可能具有相似的背景，缺乏普遍性，实验的效度也会因此大打折扣。
- 由于缺乏追踪研究，因此不知道那些在实验中“更具攻击性”的孩子在日常生活中是否也比“没有攻击性”的孩子更暴力，也不知道这种攻击性会持续多久。（这还涉及与伦理相关的问题，见第183页）。

基于上述这些原因，这个问题到今天仍难有定论。例如，我们还不能完全弄明白暴力电子游戏会对儿童的发展产生怎样的影响。

蓝眼-棕眼实验

1968年4月的一个晚上，美国老师简·埃利奥特（Jane Elliott）通过电视新闻得知马丁·路德·金（Martin Luther King, Jr.）遇刺的噩耗，感到非常震惊。20世纪50年代中期，马丁·路德·金领导了美国的民权运动，帮助废除美国南部等地区对黑人实施的种族隔离政策。他的遇刺引起关于种族主义的广泛讨论。作为一名老师，简·埃利奥特深感自己有责任和学生说说这件事情。

隔天，她在课上和学生讨论了马丁·路德·金遇刺事件以及种族主义问题，却遗憾地发现大家对这个话题兴致平平。她的学生大多只有8岁，并且都和她一样，从小在赖斯维尔长大。在这个位于艾奥瓦州的小镇里，黑人是非常少见的。看来，

马丁·路德·金遇刺事件启发简·埃利奥特设计出著名的蓝眼-棕眼实验。

仅仅进行课堂讨论很难让学生们真正明白种族主义有多容易产生，并且会导致多可怕的后果。

于是，埃利奥特设计了一个非常有趣的实验，希望借此让学生明白种族主义是什么，以及有多容易形成。由于所有学生都是白人，她需要用肤色以外的特征——瞳孔颜色——来划分出两个“种族”。她告诉学生，从今以后蓝眼睛的同学有额外的特权，如在午餐时多一份食物，能够玩操场上的新器械，并且有更多玩耍时间。蓝眼睛的同学可以坐在教室前列，而那些棕眼睛的只能坐在后头。她还鼓励蓝眼睛的同学结伙一起玩，忽略棕眼睛的同学，甚至让蓝眼睛的同学不再和棕眼睛的同学共用一个饮水机。

埃利奥特基于瞳孔颜色这个随机特征强加了诸多规定，她很好奇学生们会如何回应这些不公平的制度。刚开始的时候，学生们都不愿意承认蓝眼睛比棕眼睛有任何优越之处。为了解决这一问题，埃利奥特给出了一个看似合理的解释，她谎称蓝眼睛的形成和黑色素有关，而黑色素会让人更加聪明。她甚至让棕眼睛的学生都戴上一个特制项圈，来突出他们比较低下的地位。

不久，学生们就接受了他们较“高级”或“低级”的新身份，并开始出现歧视行为。那些拥有高级身份标签的学生逐渐变得傲慢专横，对那些“低级”的同学相当刻薄。他们的课堂测验成绩变好，并开始尝试去做超越教纲的数学和阅读题。他们甚至以轻蔑的方式用“棕眼睛”这个词开玩笑，来侮辱那些“低级”的同学。埃利奥特就此发表了著名的感言：只需要十五分钟，那些原本可爱、互助、善良的学生通通变成了讨厌、歧视的偏执狂。

另一方面，那些“低级”的学生则变得拘谨恭顺，他们的测验成绩变差，在课间休息时也只和其他棕眼睛的同学玩。其中有的人原本很受欢迎，但他们似乎也接受了自己比较“低级”的身份，甚至在学业上的表现也受到了影响。

埃利奥特的实验广为流传，她本人也因此变得知名，并开始出现在电视节目上。她开始在成年人身上重复这个实验，并将它变成专业培训中的环节，以此来让人们意识到偏见的存在。她也是第一批提出“多元意识培训”概念的人。1971年，美国广播公司将埃利奥特的实验拍成一部纪录片，名为《瞳色风波》（*The Eye of the Storm*），这更是让埃利奥特闻名海外。随后，威廉·彼得斯（William Peters）也根据埃利奥特的实验写了两本书，分别叫作《分裂的课堂》（*A Class Divided*）以及《分裂的课堂：当时和现在》（*A Class Divided: Then and Now*）。

凭借上述纪录片，埃利奥特还荣获希尔曼新闻奖，以表彰她为追求社会公义所做出的贡献。1985年，在《瞳色风波》中露面的孩子们再度聚首，录制美国公共电视台拍摄的纪录片《分裂的课堂》。2009年，英国也将这个实验搬上了荧幕，名为《事件实录：你是种族主义者吗？》（*The Event: How Racist Are You?*）。

PSYCHOLOGY EXPERIMENTS

棉花糖实验

如果你身边有5岁以下的孩子，手里又恰好有一袋棉花糖的话，可以试试这个经典的心理学实验。挑选一颗柔软可口的棉花糖摆在孩子面前，告诉他：你可以选择现在就把糖吃掉，或者等半个小时，到时你就可以吃两颗糖。你觉得孩子们会选择立即享受，还是为了能吃更多的糖而克制自己呢?

20世纪60年代末至70年代初，斯坦福大学的心理学家沃尔特·米歇尔（Walter Mischel）进行了著名的棉花糖实验。这个实验看似简单，其影响却非常深远，因为它发现4岁儿童在实验当中的表现，足以预测他们未来的人生。

在米歇尔最初的实验中，他让学龄前儿童独自坐在空房间里，并在他们面前摆上一块棉花糖。实验员告诉儿童：我会离开房间一段时间，你可以选择现在就吃掉棉花糖（他们还提供不同种类的饼干，让孩子们根据自己的口味选择最喜欢的），或者等我回来，如果到我回来糖还在，我就再给你一颗。随后的十五分钟，实验员离开，让儿童独自面对眼前的糖果。米歇尔希望测试的是，在即时满足和延迟满足两种欲望的冲突下，孩子们能有多少自控能力。他发现，有很多孩子非常努力地克制自己的欲望，以求获得双倍奖励。他们有的把椅子转过去，不让自己看到棉花糖；有的用唱歌来分散注意力；有的把自己的眼睛遮起来；还有的一直用手抚摸棉花糖。这些孩子运用各种各样的方法来克制自己。但是，也有一些孩子直接把棉花糖吃掉了。实验测试了600名儿童的反应，最终只有200名儿童坚持到实验者回房间。

这个实验真正的精彩之处在于，米歇尔对这些接受测试的孩子进行了长达50

年的追踪研究，并且得到了非常惊人的结果。总的来说，在实验中能够延迟满足（克制住不吃棉花糖）的孩子，他们有更低的身高体重指数（BMI指数，是衡量个体是否肥胖的指标），对吸烟等行为成瘾的概率更低，他们的离婚率更低，而在SAT（美国大学标准入学考试）和智力测验中则取得了更高的分数。相较之下，他们更能应对生活中的压力，勇于克服挫折，追寻目标。

这个研究具有非常大的影响力。你甚至可以买到印着“别吃棉花糖！”这种句子的衣服，或者找到很多像《别着急吃你的棉花糖》（*Don't Eat the Marshmallow-Yet! The Secret to Sweet Success in Work and Life*）这一类书。电视剧《芝麻街》（*Sesame Street*）里，甜饼怪也是因为学会延迟满足才得以加入饼干鉴赏家协会。有些投资公司甚至会用棉花糖实验来宣传自己的退休金计划。

《芝麻街》里的甜饼怪被迫学着在吃饼干前先仔细品鉴饼干的气味和质地，这需要极大的自控力，但可以帮它实现加入梦寐以求的饼干鉴赏家协会的目标。

如果你的孩子没有通过棉花糖测验

如果你发现自己的孩子在测试中立刻就把棉花糖给吃了，也不用感到慌张，这并不表示他的人生就注定要悲剧。事实上，有些评论家认为，这个实验在某些方面也存在不足，因为实验里的孩子并不知道自己需要等多久。而就算他们知道一个时间，4岁的孩子也很难明白15分钟究竟有多长。因此，他们也许会认为，一个已知的奖赏比一个不知何时才能得到的回报更有价值，这也是一种合理的决策方式。

也有一些研究表明，那些生活动荡，日常面对许多不确定性的孩子更倾向于立刻把棉花糖吃掉。这并不让人意外，因为在他们看来，这颗棉花糖就是唯一能确定拿到的东西，可不能轻易放过。因此，他们的行为和意志力没有任何关系。

还有一个需要考虑的因素是，你的孩子有多少别的奖赏。如果孩子知道自己能够轻易得到蛋糕或者巧克力，那为了多一颗糖而去等待就显得毫无意义。另外，有的孩子可能已经意识到大人的承诺不一定信得过，或者知道这些奖赏有可能被兄弟姐妹抢走，因此他们只能抓住现有的一切。在这些情况下，他们的行为都和自控力或意志力无关。事实上，这些孩子也许是做出了更理性的抉择。

罗伯斯山洞实验

1954年，22个11岁男孩参加了在俄克拉荷马州的罗伯斯山洞州立公园举行的夏令营。当时他们还不知道，自己将会成为一个著名的心理学实验的主角。这个实验研究的是群体间的冲突与偏见。土耳其裔美国社会心理学家穆扎弗·谢里夫主持了这一实验。

参加夏令营的男孩拥有相似的成长背景，但他们此前互不相识。旅程开始前，他们被分成两组。在这个为期三周的夏令营里，营地的所有“工作人员”都是实验人员假扮的。在抵达营地之后，两组男孩被完全分开，他们并不知道另一组人的存在。实验员让他们参与徒步、游泳等需要团队协作的活动，培养他们相互之间的感情。过完第一周之后，两个组的男孩都建立起各自的团队文化、规范以及深厚的友谊。他们选出了组长，并对所属团体有强烈的认同感，甚至还给自己的小组选了名字——老鹰队和响尾蛇队。

1954年，俄克拉荷马州的一群11岁男孩参加了罗伯斯山洞实验。

此时，谢里夫才让两组男孩意识到彼此的存在，并且故意让两组男孩进行比赛，产生摩擦。两个组进行了棒球、拔河等比赛，获胜方可以得到奖杯，而且每个组员还能得到奖牌、小折刀等奖品，而落败的一方则什么都没有。谢里夫还故意设计了一些情境，让一方有机会占另一方的便宜。例如，在两组人一起参加野餐之前，实验员故意让其中一组晚到。当他们到达时，才发现自己组的食物已经被另一组人吃掉了。

在这种氛围下，男孩们都竭尽所能，让自己组显得更强。他们开始产生领土意识，将曾经游泳和搭建营地的地方视为自己组的领地，并写上“外人勿进”的标语。他们用插旗子的方式标记自己的领地，还开始用侮辱性的言语相互攻击，将“我们”与“他们”区分得非常清楚。

而随着各项比赛的开展，两组间的敌对情绪也越来越严重。他们开始焚烧对方的旗子，把对方的房间翻个底朝天，甚至偷走对方的财物。他们都对另一组人非常反感，而对自己组的伙伴赞许有加。两组男孩拒绝在同一个地方吃饭，甚至爆发肢体冲突，使营地工作人员不得不出手调停。

罗伯斯山洞实验告诉我们，群体间的冲突和偏见其实很容易产生。尽管这群男孩全都来自中产阶级，都被父母悉心栽培，平常都是十分听话的孩子，但他们同样会对“异己”产生偏见。很多人认为，这个实验是全球冲突的一个缩影，它展示了竞争是如何轻易地升级成冲突的。也有人认为，这个实验解释了种族冲突的

罗伯斯山洞实验也许能解释不同足球俱乐部之间存在的敌对关系，它展现了竞争关系演变成矛盾冲突的过程。

成因：目前，各种资源的紧缺（如就业岗位）使人们必须相互竞争，最终导致冲突频发。

谢里夫还希望找到能缓解自己一手造成的矛盾的方法。他尝试让两组男孩进行一些集体活动，如一起看电影等，但收效甚微。于是，他采取了一种新方法：设计一些需要两组人合作才能解决的问题。例如，他故意损坏供水系统，让两组男孩想办法去修复。事实证明，这个方法相当有效，两组男孩确实会为解决问题而开始合作。随后，谢里夫又创造了一连串的问题，让两组人能朝着同一个目标共同努力。最终，男孩们又愿意在一起吃饭了，甚至在夏令营结束后其乐融融地坐上同一辆回程大巴。

这个结果表明，共同目标和协作环境可以减缓群体间的矛盾冲突。谢里夫的这个研究成果也对后世产生了深远的影响。

PSYCHOLOGY EXPERIMENTS

肾上腺素实验

在第102页，我们介绍了斯坦利·沙赫特和杰尔姆·辛格提出的两因素情绪理论。他们的理论是通过一个实验得到验证的，这个实验被称为肾上腺素实验或“Suproxin实验”，是所有心理学教科书都会收录的重要内容。

想象一下以下情境：你参与了本地一所大学的心理学研究，研究人员表示，他们希望测试一种名为“Suproxin”的维生素对视力的影响，询问你是否同意让医生注射这种维生素，你同意了。

在打针之后，你被带到一个休息室，等待维生素进入血液循环。这时，另外一位被试也进来了。在等一会儿之后，他开始表达愤怒，埋怨等待的时间太长了。在这个情况下，你也会感到生气吗？

这个问题的答案，取决于实验人员是如何向你描述“Suproxin”的副作用的（实际上，你被注射的根本不是维生素）。

沙赫特和辛格在1962年的实验和上述情境类似。在实验中，被试被注射的“维生素”实际上是肾上腺素。正如我们所知道的，肾上腺素会引发一系列的症状，包括心率加快、血压上升、手心出汗、呼吸短促等。而这些症状在身体进入战斗或逃

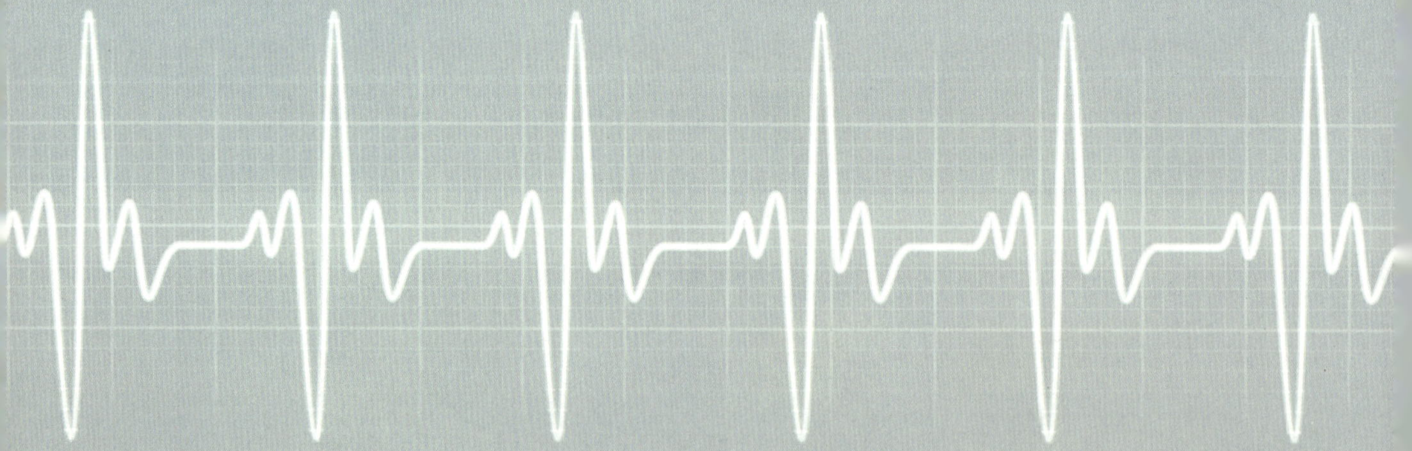

在休息室中，被试还以为自己在等待实验开始，没想到等待实际上已经是实验的一部分。

跑反应时也会出现（见第136页）。肾上腺素的作用就是增加富含氧气的血液向身体输送能量的比例，让人在危急情况下有力量战斗或逃跑。

实验员根据所告知的信息，将被试分成以下三组。

告知组 如果你在这一组，实验员会将注射“维生素”之后可能出现的症状完整地告诉你。

隐瞒组 在这一组，实验员不会告诉被试任何关于副作用的信息。

误导组 这一组的被试会被告知一些可能出现的副作用，但这些信息都不准确。例如，告知注射可能导致身体发痒或头疼。事实上，这个实验当然不是为了研究视力。它的真正目的，是测试当生理唤起和被诱导的情绪一致时，被试会如何反应。这里又分成两种相反的情况：一、当被试无法解释自己的生理症状时，是否会认为这些变化是由情绪引起的；二、当他们能够解释自己的生理唤醒时，是否就不会将其归因为情绪反应。

实验结果表明，当看到另一个人在休息室里发脾气（当然，那是实验员扮演的），告知组的被试相比不容易因此生气，而隐瞒组和误导组的被试更可能感到愤怒。

实验人员后来又重复了这个实验，但这次实验员不再假装生气，而是假装高兴，得到的结果也是类似的。这些实验之所以会得出这样的结果，是因为以下原因：当对自己的生理唤醒有预先解释（对于告知组的人来说，接受注射会有副作用就是他们的预先解释），人们就不会将其解释为情绪反应。然而，当人们无法解释所体验到的生理唤醒，就会设法在目前的情境下找到一个最合理的解释。因此，当隐瞒组和误导组的被试看见别人在等待的过程中生气，并且知道自己事实上也等了很久，他们就会将感受到的生理唤醒“解释”为愤怒的情绪。

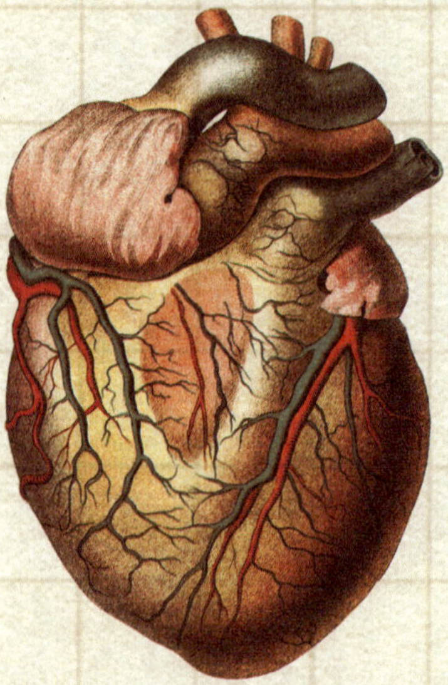

肾上腺素能提高心率，将更多富含氧气的血液供给到全身。

人们会错误地将生理唤醒归因为某种情绪，这被称为唤醒的错误归因（见右页）。反之，人们也可能忽略情绪感受，而认为自己体验到的感受是由生理原因造成的。惊恐发作（见第201页）的人常常出现这种情况，他们认为自己体验到的症状是很严重的疾病造成的（如心脏病发作），而没能意识到那些症状实际上是由焦虑的情绪引发的。

唤醒的错误归因

大多数人都曾经体验过以下这些身体症状：心跳加快、心悸、口干、手心出汗、呼吸困难。人们会根据所处的环境来对这些症状做不同的归因。

例如，如果你刚跑着赶完公交，你会认为这些症状是跑步带来的。如果你刚才差点被一辆车撞了，你会认为是惊恐的感觉引发了这些症状。

这个例子说明了人们如何通过寻求预先解释来对生理感受进行归因。

社会启动实验

与本部分介绍的其他实验相比，接下来要介绍的这个实验发生的时间离我们更近一点。1996年，纽约大学的约翰·巴奇（John Bargh）和他的同事进行了这样一个测验：他们想知道，年长的人看到和“年老”相关的词语之后，会不会表现得更像老人。在实验中，实验员让被试进行一种拼字游戏，他们会看到一些词语，并且需要先将那些不能和其他词组成句子的词挑选出来，再用剩余的词语组成句子，而最终组成的句子的意思都与“年老”有关。

实验结束后，实验员暗中观察被试离开实验室的步速，并和控制组（没有看和“年老”相关的词）被试的步速进行比较。负责记录被试步速的实验员也不知道哪些被试被“启动”过（也就是说，这是

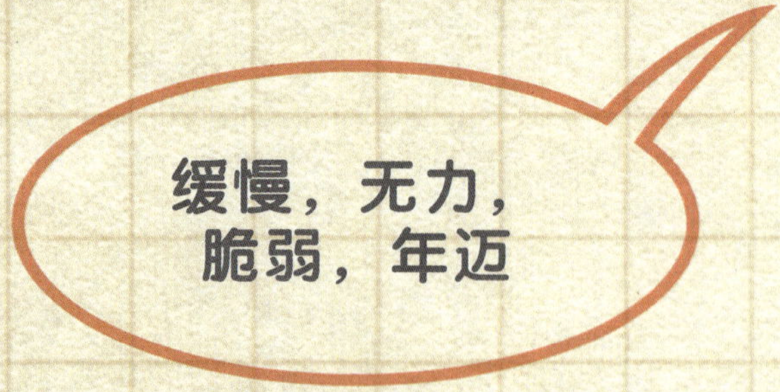

年老，脆弱，上年纪，体虚

一个双盲实验）。实验发现，那些看过“年老”相关词语的被试行走的速度更慢。而且，实验人员认为这个结果完全是在被试无意识的情况下得到的，被试并没有察觉到自己的行走速度和看过的词语之间存在任何关联。

这是一个关于“社会启动效应”的实验，这类实验发现，人们身处的环境（包括所看、所读、所嗅、所感等）会对其当下甚至未来的行为产生影响。巴奇的实验表明，当想到和“年老”有关的事情，人们会激活关于老人的特征或刻板印象，如老人会走得更慢。人们还会觉得自己更老，并且行动起来更像一个老人。而且，人们并不能察觉到这个启动的过程。

值得注意的是，后来有一些心理学家试图重复巴奇的实验，却无法得到类似的结果，这在心理学界引起轩然大波。学界因此就社会启动这个主题展开了激烈的辩论，直到今天也未有定论。有很多人认为，社会启动效应的效果实际上被夸大了。

试试看

社会启动的实验

你也可以尝试做一个社会启动的实验。先让你的被试读一些关于乐善好施的材料，或向他们讲述一个你最近表现慷慨的故事。通过这些方式，在对方的潜意识里启动“仁慈大方”的感觉，然后，请求对方赞助你的活动或者进行慈善捐助。再找另外一组人重复这个实验。这次让他们阅读价值中立的材料，或向他们讲述一个没有特别含义的故事，然后用相同的话请求他们赞助你的活动或捐钱。那些被启动过的人很可能会捐出更多的钱。

事实上，你甚至可以通过仅仅告诉别人“你很大方”来进行启动，让他们真的表现得更加大方。试试分别在以下两种情况下请求别人捐助。一种情况是向对方说：“我知道你很大方，所以希望你能捐助。”另一种情况是直接请求对方捐助。看看哪种情况下，对方会捐更多的钱。

“商场迷失”虚假记忆实验

美国认知心理学家伊丽莎白·洛夫特斯（1944年生）在虚假记忆领域进行了很多开创性的工作。以下介绍的这个实验开展于1995年，是她的代表作之一。洛夫特斯和她的同事让24名被试阅读四个故事，并告诉他们，这些都是他们在童年时经历过的事件，是他们的家里人事先报告的。实验员还告诉被试，这个实验的目的是测试童年记忆，鼓励他们努力回忆，说出尽可能多的细节。

然而，事实上只有三个故事是由被试的家里人提供的，剩下的那个故事完全是虚构的。这个虚构故事的内容是：你在5岁时曾经在商场走失了很长一段时间，最后被一个老人发现，才将你安全带回到家里人身边。为了增加故事的可信度，故事内容还掺杂了一些和每个被试真实相关的信息。例如，故事里说的商场名字和每位被试童年时常去的商场是一致的。

在被试们阅读完这些故事后，实验员要求他们写下关于这些故事的记忆。然后，实验员还会就每个故事对他们进行访谈。研究结果发现，有25%的被试声称自己能记得那个虚假的故事曾经发生过，尽管他们对故事的记忆都比较模糊，可以说出的细节也相对较少。

实验结束后，实验员告知被试，四个故事中有一个其实是假的，并询问他们觉得哪一个是假的。结果有五分之一的被试不能正确指出虚假的故事。

洛夫特斯通过这个实验来证明虚假记忆的存在，并且展示了虚假记忆是如何被创造的（当它们和真实记忆夹杂在一起时，会显得更加真实）。随着时间流逝，人们越来越难分辨记忆的真假。这个研究表明，记忆很容易受外界影响，并不完全可靠，这对很多领域的工作都具有启发意义。例如，犯罪事件中目击者证词的可信程度，以及童年被性侵的记忆的真实性等。

更多关于虚假记忆的内容，参见第92页。

你在迪士尼乐园见过兔八哥吗？

有些批评者认为洛夫特斯的实验存在问题，因为被试儿时可能真的在商场走失过，这并不是多罕见的事情，所以实验很可能的确唤醒了他们的部分真实记忆。洛夫特斯用一个后续的实验反驳了这种说法。在这个实验中，她询问被试是否记得小时候在迪士尼乐园和兔八哥握过手。事实上，这是根本不可能的，因为兔八哥是华纳兄弟公司创造的角色，不可能出现在迪士尼乐园。然而，还是有16%的被试声称记得自己曾经在迪士尼乐园和兔八哥握过手。

试一试

看看你是否容易产生虚假记忆

这个小测验可以测试你有多容易受到虚假记忆的影响。请用15秒时间，尽可能记住以下词语，然后把它们盖上，再回答后续的问题。

休息	床	小休
平静	困顿	毛毯
打盹	疲惫	叫醒
小睡	哈欠	睡眠
打鼾	醒来	做梦

请把上面的词盖住！

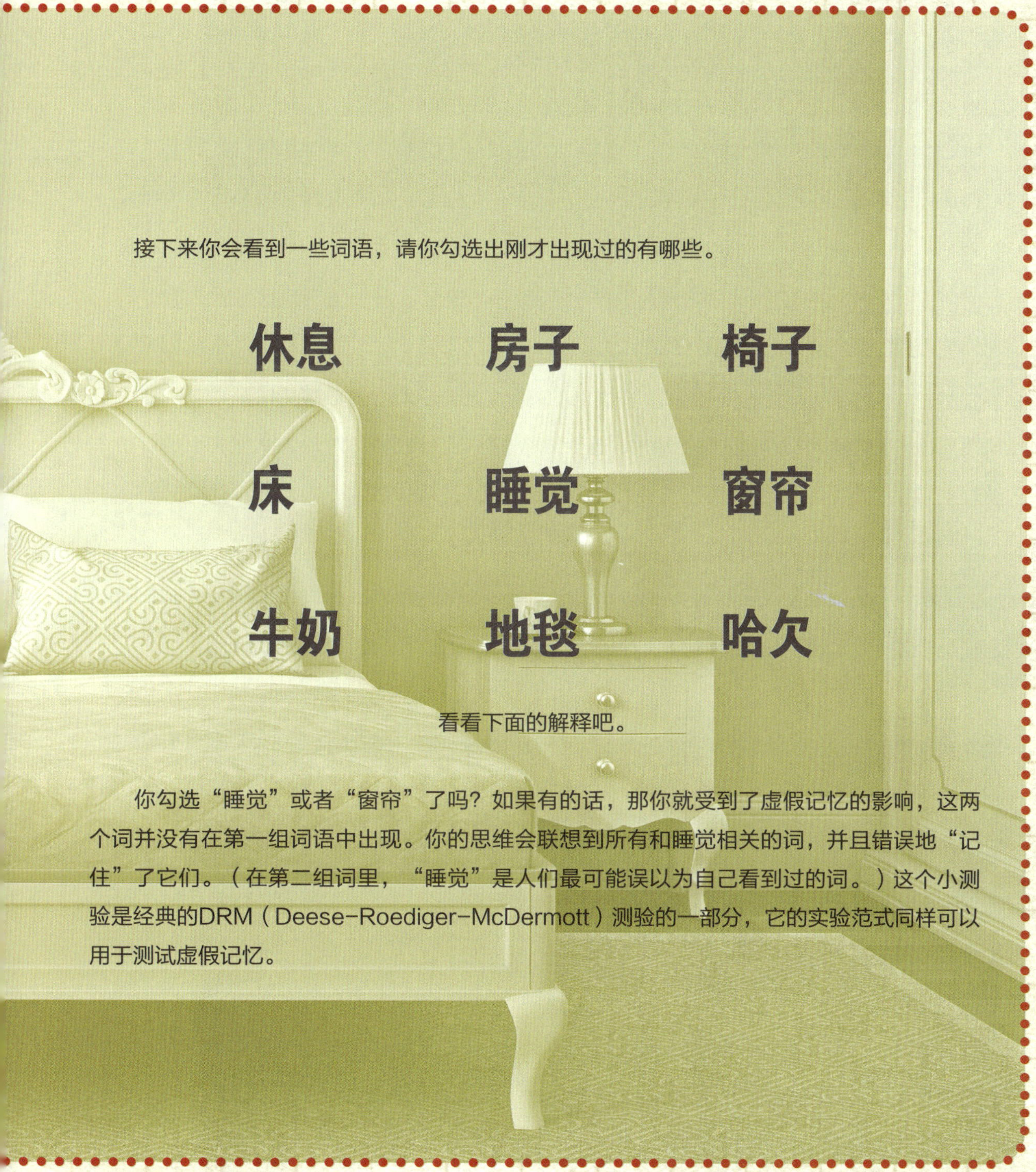

接下来你会看到一些词语，请你勾选出刚才出现过的有哪些。

休息	**房子**	**椅子**
床	**睡觉**	**窗帘**
牛奶	**地毯**	**哈欠**

看看下面的解释吧。

你勾选“睡觉”或者“窗帘”了吗？如果有的话，那你就受到了虚假记忆的影响，这两个词并没有在第一组词语中出现。你的思维会联想到所有和睡觉相关的词，并且错误地“记住”了它们。（在第二组词里，“睡觉”是人们最可能误以为自己看到过的词。）这个小测验是经典的DRM（Deese-Roediger-McDermott）测验的一部分，它的实验范式同样可以用于测试虚假记忆。

晕轮效应

人们对某个品牌、产品或者某个人的整体印象会影响他们所做出的具体评价，这种整体印象就像一个晕轮一样环绕在被评价的客体周围，影响着人们对于客体的具体特征的看法。这种心理学现象被称为晕轮效应，它解释了为什么有的话由好朋友说出来显得幽默搞笑，而由不相识的人讲出口则让人感觉无礼讨厌。

“晕轮效应”这个词首次出现在心理学家爱德华·桑代克（见第35页）在1920年发表的论文《心理学评定中的恒定误差》（*The Constant Error in Psychological Ratings*）当中。1977年，心理学家理查德·尼斯贝特和蒂莫西·威尔逊（Timothy Wilson）通过一个经典实验检验了晕轮效应的存在。在这个实验中，尼斯贝特和威尔逊将一群大学生分成两组，让他们观看同一位教授的录像课程。不同的是，在第一组学生看到的录像里，教授表现得非常友善，在回答学生问题时显得热心而幽默。而在第二组学生看到的录像里，教授则显得冷漠疏远，对学生的提问没什么兴趣，一副心不在焉的样子。随后，大学生被试要对这位教授的一系列特质（如讲课风格）评分，并回答对这位教授的喜爱程度。结果发现，学生对教授的喜爱程度会极大影响他们对其他特质的评价——学生越喜欢这位教授，对他的其他方面的评价也越好，尽管事实上这位教授的其他特质在两个录像中并没有什么差别。

这种晕轮效应在销售业和广告业中被广泛应用。例如，将某个品牌的牛仔裤和一个很受欢迎的明星联系起来，会产生晕轮效应，让人们感觉这个品牌的牛仔裤和那个明星一样让人喜欢。晕轮效应还可以解释很多日常生活中的现象。例如，被告长得越好看，越不容易被陪审团判定有罪；老师可能认为那些听话的学生更聪明；热情友善的同事让人感觉更能干，而事实上，有别的同事的工作表现更好，只是他们没那么讨人喜欢而已。

提防尖角效应

晕轮效应也可能以相反的方式起作用。虽然厂商在签约名人代言后，产品可能因为晕轮效应的影响而大卖，但倘若代言人此时被爆出涉毒、打人等负面新闻，情况就可能急转直下，所有和代言人相关的东西都会被公众认为是负面的。这种现象被称为尖角效应。例如，超模凯特·摩丝（Kate Moss）曾经是许多知名品牌代言人，在2005年被媒体爆出一张疑似吸毒的照片之后，一下子失去了许多模特合约。这就是尖角效应的效果。（后来，摩丝从那个人生污点起死回生，大众普遍认为她后来的事业甚至比之前更加成功。）

试一试

电梯实验

轮到你来试着做个小实验了，下面是一个经典的心理学实验。找一个使用者比较多的单门电梯（注意，不是那种从一边进，另一边出的双门电梯）。趁电梯里只有一个人的时候进去，然后让自己背对门，观察一下会发生什么。另外那个陌生人会转过身去，和你一样背对门吗?

接下来，你还可以找一个朋友帮忙。这次，你和朋友一起背对电梯门，你会发现那个陌生人很可能也会跟着你们一起做。再试着找更多朋友加入这个实验，背对门的人越多，剩下的那个陌生人就越可能受到影响而同样选择背对门，尽管他可能觉得这个行为有点奇怪。这就是从众的力量。

这个著名的电梯实验最开始是美国一档名叫《隐藏摄影机》（*Candid Camera*）的电视节目于1962年播出的其中一集的内容，该集的标题叫《面朝后方》（*Face the Rear*），实验由社会心理学家所罗门·阿希（他的从众研究非常有名，见第145页）主持进行。

PSYCHOLOGY EXPERIMENTS

心理学研究中的伦理议题

当心理学家进行实验时，他们有道德义务确保被试不会因此而受到伤害或感到痛苦。为此，心理学家必须完全遵守由他们所属的专业机构（如英国心理学会、美国心理学协会）或大学制定的伦理守则，大多数情况下，心理学家都受到上述两个主体制定的伦理守则的约束。大多数研究在开始之前必须获得伦理许可。然而，本章介绍的许多实验都发生在比较早的年代，当时的伦理守则还没有像现在一样严格。放到今天，这些实验是不可能取得伦理许可的。

伦理守则通常涵盖以下几个方面的内容。

知情同意

被试在参与心理学实验之前都需要签署知情同意书，这意味着被试确切地知悉和实验相关的一切可能出现的情况和问题。但是，这有时可能会导致尴尬的局面，因为实验员也许有充分的理由不希望被试知道实验目的（见第40页）。在这种时候，他们应该起码告知被试需要在实验中做些什么。儿童在参加实验前要由家长签署知情同意书。

知情同意还意味着被试是自愿参加实验的，就算他们选择不参加或是中途退出，也无须承担任何后果。强调自愿性很重要，如当实验需要学生参与的时候，很

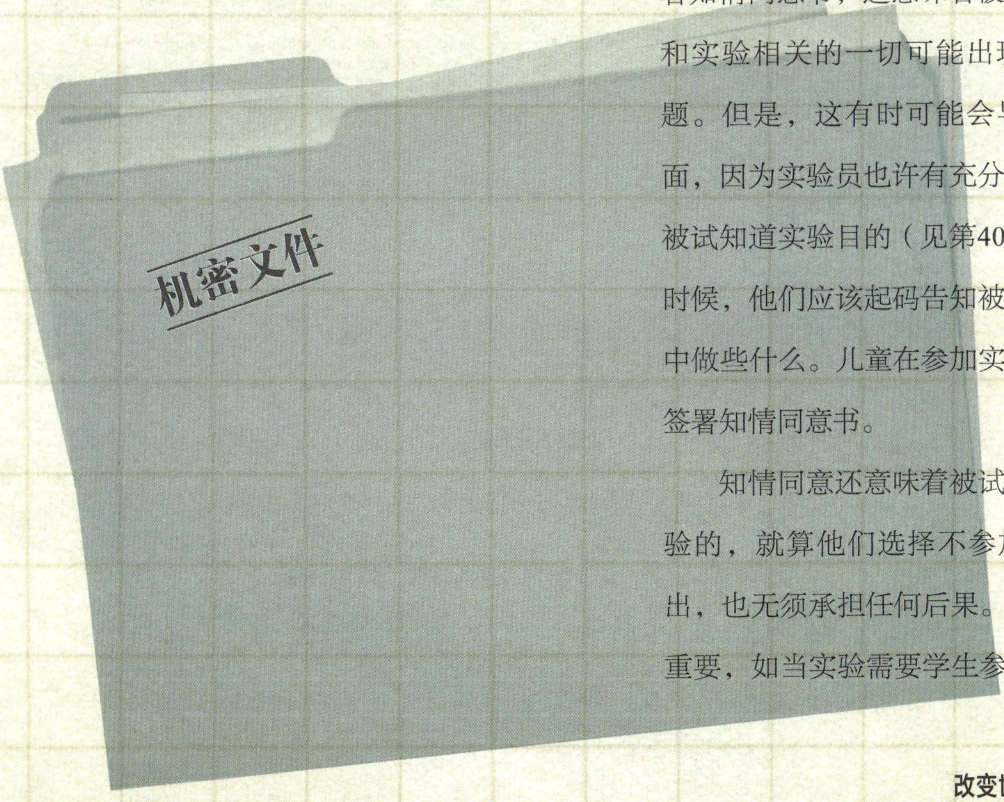

多心理学专业的学生为了挣学分或减轻作业量，常常被迫成为实验被试。

通常，当你受邀参加一个心理学实验时，你应该先清楚以下这些信息，再决定是否参加。

- 主试方声明实验属自愿参与，拒绝参与实验不会带来任何不良后果，不会造成任何利益损失。
- 实验目的（这有时可能不是真实的，见右页）。
- 在实验中需要做什么，持续多长时间。
- 实验可能带来的任何可预见的风险或不适（例如，如果实验需要被试观看暴力游戏视频，或带有色情内容的材料，就必须事先告知）。
- 实验的潜在收益。
- 在实验中遇到疑问向谁求助。
- 保障个人信息隐私权，以及在实验中无责任退出的权利。

正如第183页所提到的，本部分介绍的许多实验都无法达到现代伦理守则中关于知情同意的要求。例如，不少人质疑小艾伯特的母亲（见第148页）对儿子参与恐怖症的研究是否知情——这还不是这个实验唯一不符合伦理的地方，我们会在第186页做进一步讨论。罗伯斯山洞实验中的男孩们（见第167页）显然也完全不知道自己正在参与一个心理学实验。

欺瞒

主试人员在向被试进行知情同意说明的时候，理应提供全面的信息，但有时候，欺瞒在实验中是必需的，因为一旦被试知道实验的真实目的，实验就变得不那么可行了。例如，在第145页介绍的阿希的实验中，如果被试知道实验和从众行为有关，甚至知道其他参与者都是实验员假扮的，那这个实验肯定无法进行下去。同样，米尔格拉姆也不能让被试知道电击其实是假的（见第143页），这肯定会搞砸整个实验。

然而，尽管欺瞒听起来是有必要的，一个必须遵守的准则是，保证被试知道实验的真实情况后，不会感到痛苦或留下心理创伤。所以，我们现在讨论的重点是这些带有欺瞒性质的实验有没有给被试造成伤害或痛苦。米尔格拉姆实验中的被试在实施电击的时候，都显得很痛苦，但当他们知道真相之后，是感到释然，还是因为无端承受了折磨别人的痛苦而感到

你想参加心理学实验吗？

大多数心理学实验都挺有意思的，如果你也想参加，可以联系当地大学的心理学院系，说明你希望成为被试。许多学校都建立有志愿者被试库，他们会收集你的详细信息，一旦你的人口学信息（如性别、年龄等）符合某个实验的要求，他们就会联系你。

气愤？在沙赫特和辛格的肾上腺素实验中（见第170页），被试是否会因为自己的情感被轻易操纵而感到难过？当阿希实验的被试发现自己被诱导着给出了错误的回答，会不会觉得自己被耍了？

伤害最小化

任何心理学实验都不应该让被试在参与之后产生更糟糕的感受，这也是为什么我们之前介绍的许多实验都不符合当今的伦理守则。例如，米尔格拉姆实验的被试（见第143页）经历了非常痛苦的处境，他们当中有许多人显得激动而焦虑，可以观察到他们有发抖、流汗、口吃、紧张得大笑、咬唇、双拳紧握等表现，甚至有三名被试当场癫痫发作。大多数被试都恳求实验员中止这个实验。但是，米尔格拉姆声称这些痛苦反应都是暂时的，他们事后对所有被试做了充分的解释，让他们知道那个被“电击”的人是实验员假扮的，他其实没有受到任何伤害。他还对被试进行了一年的后续随访，确保他们没有产生任何不良反应。

斯坦福监狱实验（见第140页）是另一个不可能获得现代伦理许可的实验。（有后人复制了这个实验，但遵从了更严格的伦理标准。）在原本的实验中，不少被试遭受了躯体和心理上的双重创伤，而事后他们似乎也没有得到关于实验的解释说明。

小艾伯特（见第148页）显然也因为参与心理学实验而承受了许多痛苦。在被冠以“患有严重恐怖症”的身份之前，他是一个百分之百健康的孩子。事后，他也没有接受到任何帮助他恢复健康状态的治疗。

有人指出，罗伯斯山洞实验中的孩子（见第167页）也受到了伤害，因为他们被诱导进行攻击行为。类似的批评声音也指向了波波玩偶实验（见第158页），因为实验操纵孩子们表现出了更具攻击性的行为。

动物实验

在心理学实验中，需要被保护的不只有人类，还有动物。哈洛（见第154页）因为对待幼猴的方式不符合伦理而遭受批评。那些被人从母亲身边带走，与世隔绝地养育的幼猴显然遭受了情感上的伤害。出于持续的恐惧和抑郁，这些猴子总是躲在角落里挤成一团。隔绝养育的雌猴在成为母亲后显得非常焦虑，经常会伤害自己的小孩。尽管这类研究对人类的积极意义远大于它的消极影响，但根据如今的标准，它也不太可能取得伦理许可。

PSYCHOLOGICAL CONDITIONS & THERAPIES

第四部分

心理障碍和心理治疗

绝大多数人都会在一生当中的某些时刻遭遇心理障碍。心理障碍包括抑郁症、焦虑症、人格障碍、神经发育障碍等。在这里，我们无法讨论所有的心理障碍，但会介绍当中最常见的几种。

心理障碍

心理障碍指的是那些会影响人的正常功能、造成痛苦，或对自我及他人带来伤害的精神健康问题或神经发育障碍。心理学家通常用美国精神医学学会出版的《精神疾病诊断和统计手册》（*Diagnostic and Statistical Manual of Mental Disorders*）来判断症状或问题行为是否达到诊断标准。这本手册列出了约150种不同的心理障碍，包括进食障碍、心境障碍、焦虑症、睡眠障碍、人格障碍、精神病性障碍和神经发育障碍等。

PSYCHOLOGICAL CONDITIONS

压力

很多精神健康障碍对没有经历过的人来说也许难以理解，但几乎所有人都知道“压力”是怎么一回事，因此，压力可能是普通大众最为了解的一种心理障碍了。压力（stress）这个词源于拉丁语词汇“strictus”，意思是“拉紧”。在20世纪初之前，这个词只用于形容施加在某物上的力量造成的物理压力。直到20世纪二三十年代，心理学家用“压力”来形容精神状态的紧绷感，这个词才开始成为精神健康术语。

压力通常被视为一种不好的状态，所以人们经常说，要尽可能减少压力。的确，在现代社会，压力与一系列消极症状有关（见第194页）。但是，压力本身实际上是为了保护我们而存在的。当人类祖先面对其他食肉动物或仇敌时，压力反应对生存至关重要，因为它能供给额外储备的力量和能量，用以对抗可怕的敌人，或从危险中迅速逃离。这种压力反应也被称为“战斗或逃跑反应”，它最早由心理学家怀特·坎农提出（见第136页）。坎农认为，当我们发现可能威胁利益甚至生存的情境时，身体会分泌大量的激素来为战斗或逃跑做好准备，因为无论战斗还是逃跑，都要求我们的手臂及腿部肌肉有更多的力量和能量。战斗或逃跑反应的目的，就是要从胃部、皮肤和内脏处尽可能输送更多富含氧气的血液到手臂与腿部肌肉。为了促进这个过程，身体会暂停其他非必要的功能（如消化或皮肤修复），直到威胁解除。

在这项“大工程”中，肾上腺分泌了两种最重要的激素：肾上腺素和皮质醇。肾上腺素能提高心率和血压，让血液能更快地供给到全身的肌肉。皮质醇会让肝脏将蛋白质（糖原）转化为葡萄糖（糖）。葡萄糖是能量的重要来源，它能向血液提供更多的能量，让我们有额外的力量去战斗或逃跑。

压力导致激素如洪水一般涌进我们的身体，造成一系列长期和短期的影响。

在这个过程中，下丘脑（见第54页）所分泌的内啡肽也是一种很重要的激素。内啡肽是天然的止痛药，它能够减缓痛苦的感觉，让人们更专注于战斗或逃跑。你可能听说过受了重伤的人还能继续保持奔跑，直到脱离危险的故事，那就是因为有内啡肽在起作用。

战斗或逃跑反应也许能帮我们的祖先更好地应对大型动物的偷袭，但它对现代人已经没太大用处，因为现代人面临的威胁完全不一样。人们已经很少遭遇那种要用战斗或逃跑反应处理的危险处境。一

压力反应对人类祖先的生存可能很有帮助，但它在如今的社会已经不再那么有用，因为当今人们面临的很多压力源并不能通过战斗或逃跑来解决。

方面，相比我们的祖先来说，现代人面对的大多是长期的压力源（祖先们应该不用每天承受几次被狮子偷袭的压力，如果是那样的话，他们理应早就移居到更安全的地方了）。另一方面，战斗或逃跑反应在紧迫的截止日期、暴躁的上司、鬼哭狼嚎的孩子、大排长龙的超市结账处等情境面前，根本毫无作用。

现代社会有无数类似的压力源困扰着我们，使这个本来应该面对生死危急关头才派上用场的机制，一次又一次被激活，并带来不合时宜的影响。这意味着我们时常会感觉能量在体内奔腾，多余的葡萄糖被供给到肌肉当中，却没有战斗或逃跑的动作将它们消耗掉。因为全身的血液总是被调动到几个特定的部位，也带来了一系列现代人再熟悉不过的压力症状（见第194页）。

应对压力

如果你觉得自己可能有压力太大的问题，第一件要做的事就是去看医生。压力可以通过一系列压力管理技术来缓解，包括进行体育锻炼（能够消耗掉血液中过多的能量）以及一些认知行为疗法（见第238页）。其中，渐进式肌肉放松法就是一种能有效应对压力症状的技术，你可以在第308页看到关于它的详细介绍。

压力症状

症　状	症状起因
颈　痛	当感到压力时，我们的颈部肌肉会变得紧绷，从而感觉疼痛。
四肢疼痛	葡萄糖的累积会使我们觉得手臂和腿又重又累。此外，我们会通过让肌肉紧张来为战斗或逃跑做准备，这种紧张也会导致疼痛。
疲　劳	因为消耗了太多额外的能量而感到疲劳。快速调动能量能让我们短期内精力充沛，但过后会产生长期的疲劳感。
胃　痛	胃部的血液被转移到别处，使消化系统功能减弱，造成胃部不适和消化问题。长期消化不良会导致胃溃疡等更严重的胃病。
口　干	在压力反应下，唾液的分泌会减少，因为这也是相对不重要的消化过程。
头　晕	尽管在感到压力时，我们呼吸会更急促，但那些都是浅呼吸，我们实际吸入的氧气量比在无压力状态吸入得少。这会导致大脑供氧不足，造成头晕症状。
感冒和流感	压力会削弱免疫系统，压力大的人更容易遭受感冒和流感病毒的侵袭。

症　状	症状起因
心脏病	战斗或逃跑反应使葡萄糖（以及储存的脂肪所释放的游离脂肪酸）残留在血液中，形成斑块，这可能会导致心脏病。长期处于压力状态，或压力水平骤升，都会让心脏长期处于努力泵血的状态，从而令血压升高，这可能会逐步演变成心血管疾病，导致心脏病发作或中风。

小测验

你的压力有多大?

如果你无法客观地评估自己的压力水平，回答以下20个问题可能对你有所帮助。请回想你在过去三个月的状态，判断以下叙述有多大程度符合你的真实情况，从1～5中选择最符合你的程度水平。

①极少如此　②偶尔如此　③有时如此　④经常如此　⑤总是如此

①②③④⑤ 1. 我比平常吃得更多或更少。

①②③④⑤ 2. 我有消化不良或胃灼热的问题。

①②③④⑤ 3. 我有便秘、胃痛、腹泻或其他胃部问题。

①②③④⑤ 4. 我有睡眠问题，如很难入睡，或者太早醒来。

①②③④⑤ 5. 我觉得疲惫，或有精疲力竭的感觉。

①②③④⑤ 6. 我感觉头痛。

①②③④⑤ 7. 我想要哭泣，或觉得自己快要“爆发”了。

①②③④⑤ 8. 坐着的时候，我总是感觉烦躁，想站起来踱来踱去。

① ② ③ ④ ⑤ 9. 我的血压升高。

① ② ③ ④ ⑤ 10. 我很容易感到不耐烦或生气。

① ② ③ ④ ⑤ 11. 我觉得无法应对遇到的问题。

① ② ③ ④ ⑤ 12. 我很难做决定。

① ② ③ ④ ⑤ 13. 我很难集中注意力。

① ② ③ ④ ⑤ 14. 我还没完成手头的事就去做下一件事。

① ② ③ ④ ⑤ 15. 我抽烟或喝酒比以前多了。

① ② ③ ④ ⑤ 16. 我担心很多事情。

① ② ③ ④ ⑤ 17. 我感觉紧张，而不是放松。

① ② ③ ④ ⑤ 18. 我觉得自己没有时间做别的事情。

① ② ③ ④ ⑤ 19. 我感觉恐慌或担心。

① ② ③ ④ ⑤ 20. 做事情被打断，或者旁边有一点干扰，都会让我非常生气。

总　分

20	40	60	80	100
几乎没有压力	压力水平偏低	压力水平中等	压力水平偏高	压力水平极高

焦虑

焦虑和压力有关，人们常说那些焦虑情绪严重的人患有广泛性焦虑障碍（General Anxiety Disorder，GAD）。然而，一定程度的焦虑其实是正常的，甚至对人有好处。例如，面对临近的考试、独自回家必经的夜路，以及孩子的饮食问题时，如果不焦虑一点，我们可能就不会做出必要的措施去保护自己以及所爱的人。因此，一定的焦虑是功能良好的标志，它能帮助人们做好预先准备去应对生活中的危机、风险和不确定性。

从进化学的角度看，焦虑是一种特别重要的情绪。它帮助我们的祖先做好应对困难的准备，如其他食肉动物的侵袭，或者食物的短缺。焦虑感驱使他们建起庇护所，储藏食物。人类能成功生存和延续下来，焦虑这种情绪可谓功不可没。

焦虑引起的反应和压力反应相似。当

焦虑引起的反应和压力反应类似，也会对我们身体的方方面面造成影响。

压力还是焦虑？

压力和焦虑有什么区别呢？简单来说，压力是我们面对威胁（或潜在威胁）时产生的反应，而焦虑则是由压力带来的反应。换句话说，当我们感觉某些特定事物可能会在一定程度上带来威胁时，就会感受到压力，而对这些压力源的担忧会导致焦虑。有的时候，在压力源已经消失，或者没有明显压力源的情况下，焦虑也会持续存在，这类患者通常还伴有广泛性的恐慌情绪。

焦虑的情绪上升，大脑中的下丘脑（见第54页）会刺激位于颅底的垂体分泌多种激素。和压力反应一样，这些激素也会以不同的方式对身体的各个部位造成影响。

正常的焦虑与GAD的区别在于，患有GAD的人在没有特别事件或情境刺激的情况下，仍然很容易感到焦虑。他们在大多数时候都焦虑不已，很难感觉放松，身边似乎总有一些让他们格外担心的事情。事实上，当他们没有事情可操心时，可能会感到更加焦虑，焦虑和担心已经成为他们的习惯。

大约有5%的英国成年人和3%的美国成年人患有GAD，女性患病的风险略高于男性。GAD在任何年龄都可能发病，20～30岁是发病的高峰期。GAD的心理症状包括：

- 感觉焦躁不安或紧张。
- 持续感觉恐惧或厄运将至。
- 总是被焦虑感笼罩。
- 很容易因感觉担忧而心烦意乱。
- 因为经常感到担忧而无法有效率地工作。
- 感到抑郁，或觉得自己没有价值。

GAD的身体症状包括头晕、疲惫、心律不齐或心悸、肌肉酸痛、口干、出汗过多、气喘、胃痛、恶心反胃、腹泻、头痛、月经失调，还有难以入睡或睡眠太浅等。

为什么会患上广泛性焦虑障碍（GAD）？

有时候，人可能会遭遇一系列应激性生活事件，如搬家、离婚、丧亲、裁员等，若这类事件接二连三发生，个体的压力应对能力可能会被击溃，从而患上GAD。人们也可能从生活经验中习得焦虑。例如，自己或身边的朋友过去可能遭遇过健康危机，因此当读到关于健康问题的资讯时，人们就可能因为回想起过去的经历而过度焦虑。

有人的思维方式本身就比较容易引起焦虑。例如，焦虑的人总是习惯预期最坏情况的发生，因此必须一直保持警觉，以防有不好的事情从天而降。他们认为“做最坏的打算”是保护自己的方式。一方面，他们能事先做好准备；另一方面，他们会迷信地觉得，只要一直想着坏事，坏事就不会真的发生。而如果他们放下警惕，不好的事情就很可能乘虚而入。因此，相关的治疗方法都着眼于改变患者的思维方式（见第244页）。

怎样才算过度焦虑?

当个体符合以下标准，就会被认为过度焦虑，或有罹患GAD的可能性。

- 焦虑的程度与事件本身不成比例。（例如，患者可能和其他人一样因金钱问题而烦恼，但焦虑的程度比一般人要高得多。）
- 即使造成焦虑的事件已经过去，仍然感觉焦虑。
- 在没有明显原因的情况下，仍然感觉焦虑。（包括对普通事件产生过度反应。例如，当对方没有回复消息，就开始猜想对方是否遭遇不测。）
- 焦虑几乎无时无刻存在。
- 焦虑情绪让个体变得脆弱，影响和干扰正常生活。

惊恐发作

当焦虑达到一定严重程度，就可能导致惊恐发作，主要的症状是个体会突然感到一阵“强烈的恐惧”，这种恐惧感是骤然上升的，很快就能达到最高值，同时还会伴随出现一系列躯体和心理症状。对于患者来说，惊恐发作的感觉非常可怕，他们常常会竭尽全力来避免这种情况发生。全世界约有1%～3.5%的人患有惊恐障碍（反复出现惊恐发作），这种情况在青少年和刚成年的年轻人身上最为常见。

如何治疗焦虑和惊恐发作?

面对惊恐发作，心理教育是常用的干预方法。例如，帮助患者意识到他们出现症状的原因，并让他们明白：对症状的恐惧实际上会加大惊恐发作的可能，而惊恐发作本身其实并不危险。另外，放松训练也是常见的干预方法。

认知行为疗法（见第238页）对治疗焦虑卓有成效，它帮助患者挑战和更改那些无益的思维方式。心理治疗师可能会要求患者用日记的形式记录下他们的焦虑，以及导致焦虑产生的想法。之后，患者会在咨询师的指导下辨别并质疑那些无益的、有缺陷的想法。GAD患者常见的无益想法包括以下方面。

预料未来：花费很多精力去预测事情的进展，对未来的估计通常消极可怕。事实上，很多事情的发展并不会如想象中那么可怕，也不需要花费过多精力去担心那些可能根本不会出现的问题。

灾难化：不切实际地鼓吹事情的严重程度，让事情听上去很糟。

只关注消极面：只聚焦在事情的消极部分，忽略积极部分。

“应该和必须”：带有某种固定观念，觉得事情应该（必须）怎么样，而不去接纳事物本来的面貌。

过度引申：武断地认为某个独立事件预示着未来其他事件的走向。

“万一……”：经常想着不好的事情“万一”发生怎么办，以至于影响日常的正常生活。

贴标签：常给自己贴上不好的标签，如“我很蠢”。

睡眠障碍

睡眠方面的问题通常也和焦虑有关，事实上，它们是一种双向关系，压力和焦虑会扰乱睡眠，而睡眠问题又会加剧压力感和焦虑感。有些时候，睡眠问题本身并不是心理原因导致的（如作息规律不良、时差反应或者附近有噪声），但因无法入睡而产生的焦虑会造成压力，压力让人更难入睡，从而形成睡眠和高压的恶性循环。

英国国民保健署指出，有三分之一的人都遇到过难以入睡或睡眠易醒的问题。失眠症分为短期（持续三周以内）和长期（持续多于三周）两种，它不仅会引发焦虑，还可能导致记忆问题，使人抑郁、易怒，甚至增加心脏病发病率和交通事故的发生率。（难怪人们都这么担心自己睡不够。）

造成失眠症的原因多种多样，但对于寻求心理援助的人来说，最主要的成因还是焦虑。睡觉是一个深度放松的状态，如果总是紧张兮兮，当然难以入睡。人可能因日常生活中的问题而焦虑，但其实对失眠的担忧本身也会使人难以放松。睡觉的另外一个条件是你必须感到疲惫。这听起来可能有点奇怪，但事实上，很多睡眠有问题的人经常在白天打盹，到了晚上自然不怎么疲惫。经常在白天睡觉会影响昼夜节律，让人在晚上难以入眠。

如何治疗失眠？

失眠症常常需要用到药物治疗，常用的是苯二氮卓安定类药物，如羟基安定和地西泮（最好不要长期服用，因为随着耐受性增加，药效会下降）。另外，对失眠症的干预也会使用一些心理技术，如放松疗法，以及教导患者注重睡眠卫生（包括保持卧室的安静和黑暗，不在夜间摄入咖啡因，不在白天打盹等）。还可以运用“矛盾意向法”进行认知重建：鼓励失眠症患者尽力在晚上保持清醒，而不是试图去睡觉。这种方法经常很奏效，因为它缓解了人们因无法入睡而引起的焦虑。

PSYCHOLOGICAL CONDITIONS
恐怖症

恐怖症和普通的恐惧不一样，它会严重影响到患者的日常生活。

恐怖症是对某种特定事物的一种极端焦虑。患有恐怖症的人会对他们惧怕的事物产生强烈的恐惧，甚至导致惊恐发作，因此他们都会尽可能避开那些事物。这种恐惧通常是不合理的，换句话说，他们所恐惧的事物事实上不太可能伤害到他们。例如，有的人会害怕电梯、电扶梯、蜘蛛，或者怕高，但实际上很少真的因为这些事物受伤。而有一些恐惧听起来合理得多，如害怕凶猛的狗，怀有这种合理恐惧的人不会被视为患有恐怖症。然而，如果一个人对凶猛的狗的恐惧泛化成害怕所有的狗，甚至连小宠物狗都怕，又或者因为害怕狗而不敢出门，那就可以认为他患上了恐怖症。

事实上，如果说某人对事物的恐惧已经上升到恐怖症的程度，那这种恐惧一定已经严重影响这个人的日常生活。有的人可能非常不喜欢蜘蛛，但如果他们的生活不会因此而受影响，那就不算患有恐怖

为什么会患上恐怖症?

人们罹患恐怖症的原因多种多样。一种可能是他们曾经历产生恐惧的情境，就像小汉斯（见第150页）那样。因此，和一条狗的糟糕经历或者颠簸剧烈的飞行体验都可能导致对狗或飞机的恐怖症。我们也可能因为他人而患上恐怖症，父母将恐怖症传递给孩子的情况也是很常见的。

“准备理论”给出了一种不同的解释。它认为，对某些事物或刺激的恐惧反应符合“进化倾向性”。这是有一定道理的，因为我们已经发现，某些恐怖症的发病率比其他恐怖症更高，如蜘蛛恐怖症。这可能是因为，在人类的进化历程中，我们的祖先遭遇过许多致命的蜘蛛。所以，出于安全考虑而对蜘蛛怀有恐惧是很合理的，因为这有利于生存。

然而，这种观点无法解释为什么有那么多人完全不害怕蜘蛛。为了解释这个问题，准备理论还提出，有的人就是会在生理上比其他人更容易患上恐怖症。这种特质甚至有可能具有进化优势，会感到恐惧的人可能有更高的生存率，因为他们在生活中能避开更多危险（懂得躲开蜘蛛可是一种有用的生存本领）。事实上，大多数特定的恐怖症确实都和那些会对生命安全构成威胁的情况相关。例如，害怕针头或高处。

症。然而，如果他们因为不喜欢蜘蛛而不再踏足家里的某个房间，或因此而拒绝带小孩去公园玩，那么就可以认为其患上恐怖症了。

有的人想方设法和自己的恐怖症和谐共处。例如，恐惧电梯或电扶梯的人（这两者都很常见）也许能坚持一辈子不坐电梯。这样的话，他们的恐惧就只会在不得已的情境下才会成为问题，如找到一份办公室在二十楼的新工作。然而，这些人也会被视为患有恐怖症，原因是他们出于恐惧而刻意改变了自己的日常生活。

恐怖症可以分为以下两个大类：

- **特定恐怖症或简单恐怖症**
- **复杂恐怖症**（如社交恐怖症或广场恐怖症）

特定恐怖症又可以进一步划分成以下四类：

- 动物型恐怖症（害怕某种动物或生物）
- 自然环境型恐怖症（害怕某种环境，如打雷、闪电、高处、黑处）
- 血液—注射—损伤型恐怖症（如害怕血液、注射、呕吐、受伤）
- 情境性恐怖症（害怕特定的情境，如人多的地方、公共交通工具、坐飞机、开车）

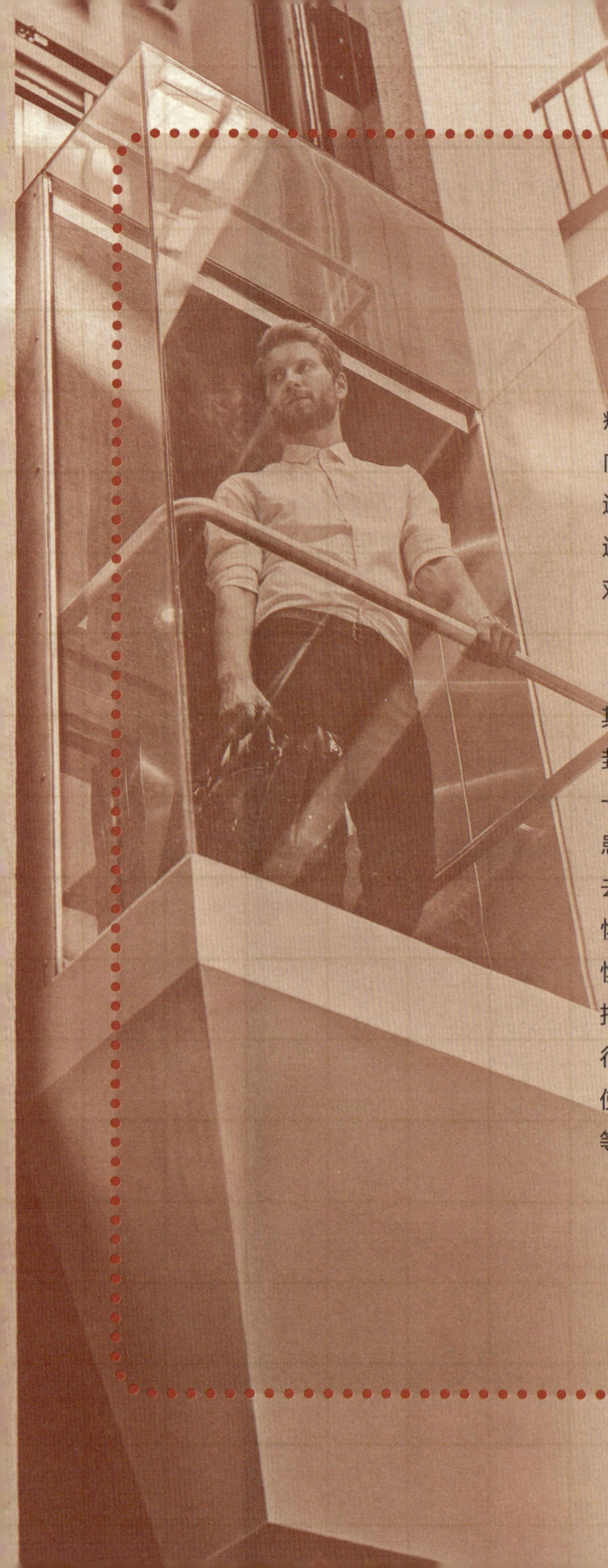

恐怖症的治疗

认知行为疗法（见第241页）是治疗恐怖症最有效的手段之一，常用方法是认知行为取向中的系统脱敏技术。在治疗过程中，患者会逐渐暴露于各种恐惧情境中，情境的可怕程度逐级提升，患者需要学习运用放松等技巧去应对这些情境。

例如，有电梯恐怖症的人也许最不害怕和其他人一起搭乘玻璃电梯，而最害怕独自搭乘封闭式电梯上到二十楼。因此，治疗可能会从一个繁华购物中心的玻璃电梯开始。最开始，患者可能只需要站在电梯附近，而不用真的进去。当恐怖症患者可以通过放松等技术毫不畏惧地应对这个情境，他们就可以挑战下一个恐惧等级——例如，进入电梯，但将门打开并保持静止。患者很可能又需要花费很长时间来进行这个练习。只有当一个恐惧等级的场景不再会使患者感到害怕，他们才会开始挑战下一个恐惧等级，以这样的方式逐渐克服对情境的恐惧。

强迫症

英国强迫症慈善组织（OCD-HK）的数据显示，1.2%的英国人患有强迫症。美国的比例更高一点，大概在2%。强迫症可能使患者变得非常脆弱，生活能力极大受损。世界卫生组织列出了会令患者收入大幅减少、生活质量急剧下降的十种疾病，强迫症赫然在列。

强迫症是另一种形式的焦虑症，表现为因侵入性想法而感到不适、忧虑、恐惧或折磨。患者经常采取重复的行为来试图缓解焦虑。强迫症有两个要素：强迫思维和强迫行为。

强迫思维 指在患者脑海里反复出现且不受控制的想法、片段或者冲动。强迫思维通常会让患者感到非常烦扰和分心。

强迫行为 指患者不受控制的、反复表现出来的行为或者仪式。强迫行为的出现通常是为了让强迫思维消失或变得受控。

例如，如果一个人担心被细菌污染，不敢去触碰东西，他可能会建立强迫洗手

持续性反复洗手反映强迫症患者对“被污染”的恐惧。

的仪式，通过反复洗手来减轻对细菌的担忧。然而，每次洗手后的安心感并不能持续很久，关于细菌的强迫思维很快又会卷土重来，甚至比之前更严重。为了降低这种强迫思维带来的焦虑，患者又会再次进行洗手仪式，形成恶性循环。

无休止的强迫行为最终会引发强烈的焦虑，因为这种强迫行为越来越耗费患者的精力和时间。阻止他们顺从冲动去做强迫行为会使他们陷入无路可走的境地，让他们的焦虑感越来越重，受困于强迫思维和强迫行为的循环当中。

可以将大多数强迫症患者分为下表所示几类。

有的强迫症患者追求过分的整洁，没有摆放整齐的物品会使他们极度心烦意乱。

强迫症分类	
类　别	症　状
强迫清洗	因为害怕受到污染，这类患者通常有清洗东西或洗手的强迫行为。他们不断重复清洗仪式，无论洗多少遍都不能满意。他们还很可能采取极端的“预防措施”来防止被污染，如总是戴着医用手套，用手肘（而不是手）来开门。
强迫检查	这类患者会反复检查他们是否已经关好炉灶、关灯或者锁门。他们必须反复确认自己已经做了某件事，否则就会担心有糟糕的事因此发生。他们还可能以某种特定方式来触碰事物，或规定必须要触碰多少下。
强迫计数和强迫整理	这类患者迷信某个特定的数字、颜色或某种整理方式。他们可能必须将一件事情重复做若干次（如7次），如果他们没有这样做，或他们不记得自己究竟做了多少次，就要从头再来，直到做到规定的次数才满意（这可能会耗费他们好几个小时）。他们摆在橱柜里的罐头可能必须以特定的方式摆放（如将商标朝向同一边），衣柜里的衣服也必须按某种特定的方式来整理。
囤积者	囤积者很担心扔掉东西会导致糟糕的事发生。他们强迫性地将无用的东西囤积起来，或者去搜集某些其他人不会留着的东西。

强迫症的治疗

和其他焦虑障碍类似，认知行为疗法（见第241页）对强迫症的干预效果最好。做法是将患者反复暴露于强迫源之下，并要求他们克制那些用于缓解焦虑的强迫行为。例如，让一个强迫洗手的患者触碰公共卫生间的门把手，并禁止他们洗手。

和那些被迫面对恐惧源的恐怖症患者一样，被禁止洗手的强迫症患者也会感受到焦虑，但随着次数增多，焦虑感会逐渐下降。这个过程蕴含着治疗的关键，那就是让患者通过亲身体验明白焦虑会自己缓解，因为大脑不能长时间承受严重的焦虑，所以我们终将习惯那些引发焦虑的事物。

如果患者在焦虑消退之前就“屈服”，忍不住洗了手，那么强迫的循环就被维持了。只有具备不洗手的意志，才能削弱这一循环。一个有用的辅助方法是建立一个焦虑等级表，先从相对简单的任务着手，再逐步去挑战那些会引起强烈焦虑的情境。

PSYCHOLOGICAL CONDITIONS

创伤后应激障碍

创伤后应激障碍（PTSD）是在人们经历心理创伤后出现的一种严重的焦虑障碍。心理创伤性事件包括涉及自身或他人的死亡威胁，或严重受伤等。有学者认为，大约三分之一经历过创伤性事件的人会患上PTSD。它可能在任何年龄发病，包括儿童时期。患者可能在经历创伤性事件之后立刻发病，也可能在相隔几周、几个月甚至几年后才发病。不管是什么类型的情境，只要它引起了个体强烈的担忧、恐惧或者无助感，就可能导致PTSD。经历的事件越让人不安，造成PTSD的可能性越高。但是，那些仅仅让人难过的情境通常不会导致PTSD，如离婚、失业或者考试挂科。

PTSD的症状包括闪回、做噩梦、睡眠障碍、惊恐发作、愤怒、抑郁、总是感觉自己置身危险当中，以及过分的惊跳反应（例如，对别人"砰"的一声关上车门反应过度）。

PTSD的治疗

和其他焦虑障碍类似，认知行为治疗对PTSD的干预效果良好。另外，还有一种名为眼动心身重建法（EMDR）技术的疗效逐渐得到验证。EMDR以快速眼动（REM）这一与生俱来的身体功能为基础。人类在睡眠的时候，大脑会利用快速眼动来处理日常的情绪体验。有些研究表明，EMDR中的眼动和快速眼动睡眠期的功能类似，都能对重要的信息进行处理。人在遭遇极端的创伤后，快速眼动睡眠的功能就会崩溃，无法像平常一样去处理情绪，减轻痛苦。EMDR则像快速眼动功能的升级版。通过眼动技术，大脑可以去处理那些令人不安的记忆片段和情绪，从而解决问题。

EMDR要求患者主要关注创伤的三个方面：

- 视觉图像，通常是创伤事件中最令人不安的片段。
- 与创伤相关的消极想法。
- 身体感觉不适的部位。

在患者把注意力集中到上述三个方面之后，治疗师会用手指在患者的视野范围内迅速移动，并要求患者的目光追踪它的手指，来进入快速眼动状态。（有的治疗师会用带有一排小灯的金属棒来替代手指，让患者追踪亮起的小灯来实现眼动。）在每节眼动之后，患者要描述他们刚才的体验。EMDR过程中的眼动会对大脑产生左右交替的刺激，从而刺激大脑中被冻结或阻塞的信息处理区域。

在这个过程中，创伤记忆带来的情感冲击通常会得到缓解。这种缓解可能是渐进式的，但在一些案例中，缓解的效果非常明显迅速。那些痛苦的记忆似乎不再带有那么大的情绪强度，逐渐变为“普通”记忆。

抑郁症

每个人都有情绪低落的时候，但只有当低落的情绪持续很长一段时间且反复出现，或让人变得极度消沉，才能在临床上被称为抑郁症。英国皇家精神科医学院的数据表明，五分之一的人会在一生中的某段时期陷入抑郁。有人认为抑郁是西方社会最常见的心理障碍。全世界80%的自杀者都是重度抑郁症患者。

抑郁症状主要有以下四类

- 与情绪相关的症状，如感到悲伤或痛苦。
- 躯体症状，如缺乏食欲，睡眠困难。
- 思维/认知层面的问题，如觉得“我没有价值”或“没有人喜欢我”。
- 行为症状，如总是躺在床上。

大多数的抑郁症都是由消极、无益的思维方式或歪曲的认知（可能从家人身上习得）导致的，与遗传或激素失调没有太大关系（尽管有人的确具有抑郁的遗传易感性）。抑郁症患者的许多思维模式和那些过度焦虑的人类似（见第198页），只是这些思维所引发的是对自身和未来的消极情绪和被动的无助感，而不是焦虑感。抑郁的思维模式包括以下几种：

抑郁症会让人变得极度脆弱，并且损害日常生活的功能。

预料未来 抑郁症患者倾向于假定会有不好的事情发生。

度人之心 抑郁的人总是推测别人会如何看待自己（而且总觉得别人不喜欢自己）。

灾难化 抑郁者经常将事情夸张化。他们会认为一件事“糟透了”，而不会觉得只是“不够好”。

“应该和必须” 经常使用“我应该……”的表述，把责任揽上身，如“我应该事先做好这件事”。这让患者对自己的感觉更差，加剧抑郁状态。

过度引申 假设某个孤立事件会代表未来所有事情的走向。

忽略积极面 抑郁的人常常忽略或不承认那些进展顺利的事情，却过分关注那些糟糕的事情。

贴标签 抑郁症患者很可能给自己贴上消极的标签，如“失败者”“无聊的人”。这种标签会更加降低他们的自我价值感。

抑郁症的治疗

治疗抑郁症并不容易，因为抑郁症患者通常缺乏求助动机。重症抑郁患者可能不会看到接受治疗的好处，不相信治疗会起作用。在这种情况下，药物是最有效的治疗手段。

然而，对于中度抑郁的人来说，认知行为疗法（见第241页）是有效的。它能让患者学会去识别和挑战那些无益的想法，为消极想法寻找积极的替代性解释。一个有经验的治疗师能够帮助患者学会这些技巧。他们还能教会患者从生活的小事情中寻找乐趣，以此来提升自尊，发觉自己的力量，看到生活积极的一面。

PSYCHOLOGICAL CONDITIONS

进食障碍

进食障碍是以饮食习惯异常为主要特征的心理障碍，如吃得太多或太少。根据英国进食障碍慈善组织Beat在2015年发布的数据，在英国，有超过72.5万人罹患进食障碍，美国更是有1100万进食障碍患者。进食障碍有两种最普遍的模式。

进食障碍通常由减肥的欲望引起，但有时发病原因也不是单一的，还可能由其他不同的原因造成。

神经性厌食症　这类进食障碍的特点是，患者会严格节食或禁食到饥饿的状态，以致体重过低。在全世界范围内，每250位女性中就有一位女性会在某段时期经历神经性厌食症，男性的比例则是两千分之一。厌食症通常在十六七岁的时候发病。

神经性贪食症　这类进食障碍的特点是暴饮暴食，同时用不适当的方式来阻止体重增加（如自我引吐、过度锻炼和滥用泻药）。贪食症的发病率大约是厌食症的两到三倍，并且90%的患者都是女性，通常在十八九岁发病。

进食障碍的起因多种多样，包括生理、心理和环境性因素。例如，如果一个人的父母或者兄弟姐妹曾经患过进食障碍，那么他患病的概率也会比没有家族史的人高。这当中可能存在遗传因素，也可能是因为他从家人身上习得了异常的饮食习惯。研究还表明，一个自身有节食习惯或者过度在意体重的母亲可能会让孩子对食物形成不健康的观念。另外，如果一个人总是被亲戚或同学取笑体重或身形，他也可能因此患上进食障碍。

这当中还可能有人格方面的因素。例如，有些进食障碍患者可能有低自尊、完美主义或过度渴望别人赞许等问题。患有身体畸形障碍的人会以扭曲的视角评判自己的身形，这类患者也常常有进食障碍。研究表明，15%的身体畸形患者同时也患有神经性厌食症或贪食症。

进食障碍的治疗

进食障碍的治疗手段比较复杂，可能涉及多种技术和方法，包括患者自助、药物治疗、团体支持、心理治疗和认知行为疗法（见第241页）。这些治疗手段能帮助患者找到导致厌食或贪食的不合理的消极想法，探究造成不健康饮食习惯的情感原因，并教导患者如何避免或者克服这些情绪。治疗师还可能会提供关于营养学、科学体重管理以及放松技巧等方面的知识。

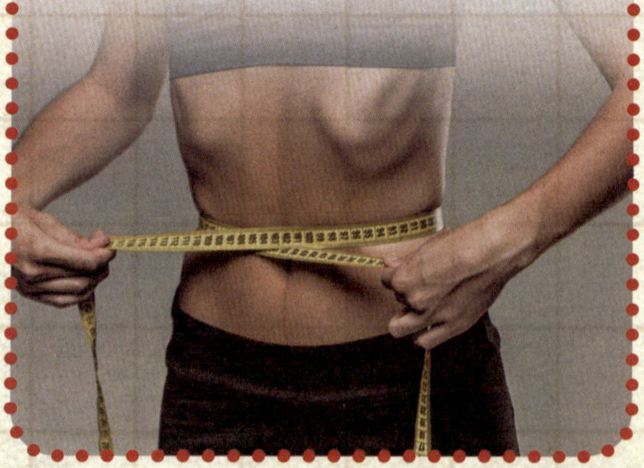

双相情感障碍

双相情感障碍有时也被称为躁郁症，它与我们在第215页提到的抑郁症不一样。不同之处在于，双相情感障碍患者不仅会陷入抑郁状态，还会进入兴致高昂的状态。“双相”指的是躁狂和抑郁相结合，两种状态循环交替出现。全世界大概有3%的人在一生中某段时期患上双相情感障碍，典型的发病年龄在15～19岁，男女发病率相同。

抑郁症状

- 心情低落。
- 对喜欢的事物完全失去兴趣，感觉非常没意思。
- 失眠（无法入睡）或嗜睡（睡得太多）。
- 感觉疲惫，缺乏活力。
- 缺乏价值感，或过度、不合理地感到内疚。
- 有自杀意念（自杀的想法，挥之不去的自杀念头）。

躁狂症状

- 异常喜悦，或感觉精力充沛。
- 自大，自尊心膨胀（在最坏的情况下，患者甚至可能与现实脱节，呈现出精神病性的状态，如不切实际地幻想自己被选中去执行某个特别任务）。
- 睡眠需要减少（如只睡三小时就感觉休息好了）。
- 非常多话，且通常语速过快。
- 容易分心。
- 具有冲动性，可能不计后果地进行某些活动（如疯狂购买贵重物品，或参与糟糕的商业投资计划）。
- 约有一半患者还会有幻觉或妄想症状。

双相情感障碍的治疗

双相情感障碍通常需要由精神科医生开药进行治疗。不过，心理支持对于防止疾病复发以及增强患者的社会功能也很有帮助。心理治疗能减轻情绪的症状和起伏，帮助患者学习应对情绪问题的技巧，并提高患者的药物依从性。（有很多患者并不喜欢吃药，因为吃药会使他们回到比较“平淡”的状态，而无法再停留在令人兴奋的躁狂状态。）认知行为疗法也能起到作用，如帮助患者注意到引起抑郁或躁狂状态的自动思维。

人们至今还不完全清楚双相情感障碍的病理机制，目前认为遗传因素可能占60%～80%。父母或兄弟姐妹中有双相情感障碍的人，患病的风险约是普通人的10倍。

双相情感障碍的形成还可能与某些脑回路的结构或功能异常有关，另外，环境因素很可能也起到一部分作用。因此，对于那些本来患病风险就高的人来说，遭遇创伤性或压力性事件可能会导致双相情感障碍发病。除此之外，还可能存在一些与神经内分泌相关的因素。例如，人们发现处于躁狂阶段的人大脑中分泌的多巴胺会变多，而多巴胺是与情绪相关的一种神经递质（见第61页）。

许多心理障碍都具有一定的遗传性，而这只是其中一个因素。有一个罹患心理障碍的亲戚并不代表你一定会患上同样的病。

PSYCHOLOGICAL CONDITIONS

精神分裂症

这也许是在所有精神病中最广为人知的一种疾病了，精神分裂症患者处于一种心理不健康的状况当中，他们时而会无法区分现实与非现实。全世界约有1%的人罹患精神分裂症，多发于青少年晚期或成年早期，偶尔也有患者到中年甚至中年之后才首次发病。精神分裂症患者可能会看见或者听到不存在的事物或声音，用奇怪的方式讲话，觉得有人试图伤害自己，或觉得自己一直被人监视。很多时候，他们看上去都像和现实世界脱节一样。精神分裂症包括以下主要症状。

幻觉 患者真切地觉得自己听到声音或看到事物，而事实上其所听所见在现实中都是不存在的。最常见的幻觉是患者认为自己听到声音，这些声音可能在评论患者的日常生活，或对患者说话（患者可能会在脑内与之对话，甚至真的把对话说出来），还可能警告患者注意某些可疑的人和事，甚至对患者发号施令。虽然这些声音对患者来说很真切，但有时他们也能够意识到声音仅存在于自己的脑海中，并设法控制或无视它。但是，在疾病严重（急性）阶段，这些声音对患者非常具有操控性，甚至是威胁性。

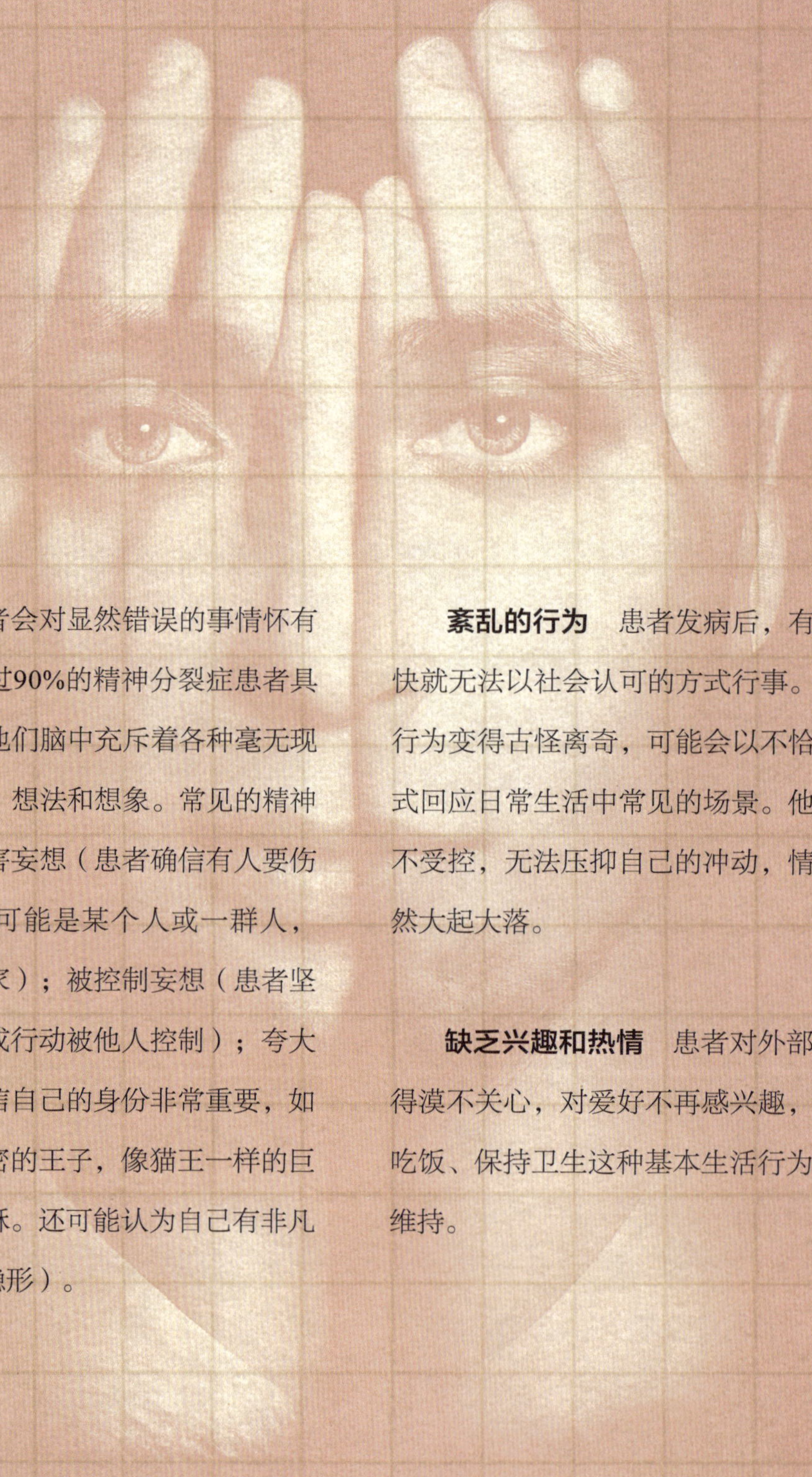

妄想 患者会对显然错误的事情怀有坚定信念。超过90%的精神分裂症患者具有妄想症状，他们脑中充斥着各种毫无现实依据的主意、想法和想象。常见的精神分裂妄想：被害妄想（患者确信有人要伤害自己，对方可能是某个人或一群人，甚至是一个国家）；被控制妄想（患者坚信自己的思维或行动被他人控制）；夸大妄想（患者确信自己的身份非常重要，如觉得自己是秘密的王子，像猫王一样的巨星，甚至是耶稣。还可能认为自己有非凡的超能力，如隐形）。

紊乱的行为 患者发病后，有可能很快就无法以社会认可的方式行事。他们的行为变得古怪离奇，可能会以不恰当的方式回应日常生活中常见的场景。他们变得不受控，无法压抑自己的冲动，情绪会突然大起大落。

缺乏兴趣和热情 患者对外部世界变得漠不关心，对爱好不再感兴趣，甚至连吃饭、保持卫生这种基本生活行为也难以维持。

缺乏情绪表达 患者的情绪表达变少，变得面无表情或非常少话，如没有笑容，不与他人眼神接触，说话缺乏生气，语调单调平坦，没有抑扬顿挫。

社交退缩 也许是因为其他症状的出现，患者与外界的接触会变得越来越少，龟缩在自己的世界里。

精神分裂症的治疗

精神分裂症通常需要通过精神科医生开药进行药物治疗，同时接受心理治疗也对患者很有帮助。有效的心理治疗技术包括心理教育、家庭治疗、社会技能训练、自救互助团体和个体心理治疗。

目前普遍认为精神分裂症是基因、生理和环境因素交互作用的结果，但人们对于具体的机理还所知甚少。遗传显然是一个重要因素：一级亲属（父母及兄弟姐妹）中有精神分裂症患者的人，自身发病率达到10%，而普通人群的发病率只有1%。然而，有60%的精神分裂症患者并没有家族史，这说明基因遗传不是精神分裂症的唯一成因。

有的学者认为基因只是让个体具有疾病易感性，环境因素则是让他们发病的扳机。例如，压力所引发的皮质醇升高，也许就构成触发易感人群患上精神分裂症的环境因素。压力事件的例子还包括经历宫内感染、新生儿缺氧、童年时的病毒感染、与父母及养育者分离、丧亲以及其他创伤性事件。

脑部的异常也可能导致患病。研究发现多巴胺和血清素两种神经递质（见第61页）的分泌异常也可能与精神分裂症的形成有关。而且，一些用于调节神经递质分泌的药物的确能缓解精神分裂症的部分症状。

PSYCHOLOGICAL CONDITIONS

人格障碍

有一类心理障碍会持续影响个体生活的各方各面，包括与他人的关系、对自身的看法，以及由此衍生出的各类行为。我们将这类障碍统称为人格障碍。人格障碍除了对患者造成影响，有时还会让患者周围的人也受到影响。全世界有大概9%的人被诊断为患有某种人格障碍，但这个数据仅反映了那些主动求助的人。事实上，有许多人意识不到自己患有人格障碍，因此也不会去寻求专业帮助。

目前认为有十种主要的人格障碍，它们又可以划分为以下三个大类。这三个类别中最常见的人格障碍有下面这些。

奇怪型人格障碍　这类人格障碍中最常见的有偏执型、分裂型以及反社会人格障碍。偏执型人格障碍患者非常多疑，很难相信别人，他们总是在寻找别人背叛自己的证据，且很容易觉得自己被他人拒绝。分裂型人格障碍患者在情感上更为冷酷，他们不愿与别人建立亲密关系，对亲密感没有兴趣。反社会人格障碍患者不在乎他人的感受，这类患者很容易犯罪或冲动行事，即使伤害了他人，也毫无内疚之心。

情感型/冲动型人格障碍　这一类别中最常见的是边缘型及自恋型人格障碍。边缘型人格障碍的患者非常冲动，他们难以控制自己的情绪，很难维系友谊，当与他人关系破裂时，会因为觉得被抛弃而极度痛苦。自恋型人格障碍的人则会夸大自己的重要性，认定自己会取得伟大的成就，渴望得到他人赞美，并会为了自己的目的而利用他人。

自恋（Narcissism）这个词源于希腊神话中的角色纳西瑟斯（Narcissus），他是一个迷恋自己水中倒影的美男子。

焦虑型人格障碍 回避型和依赖型人格障碍是这一类别中最常见的两种人格障碍。回避型人格障碍患者有许多担忧，他们焦虑而紧张，非常敏感，缺乏安全感，因为害怕被拒绝而避免建立亲密关系，也不愿意去尝试新的活动。依赖型人格障碍患者则非常被动，他们总是依赖他人帮自己做决定，很需要别人关怀照料，缺乏自信心。

和许多其他的精神健康问题一样，人

人格障碍的治疗

人格障碍的治疗通常以心理治疗为主，但在某些情况下也会用到药物，如当患者同时有抑郁症状（抑郁可能与某些人格障碍共病）的时候。

心理治疗主要关注那些异常想法，帮助患者自我反思，并且了解自己的思维是如何运作的。心理动力性治疗（这个流派认为成人的问题行为模式与早年的负性经历有关）会帮助患者了解扭曲的思维模式如何产生。认知行为疗法（见第241页）则能够帮助患者更好地处理这些想法和感受。

们目前还不完全了解人格障碍的成因，但它很可能与很多因素有关，包括环境因素和遗传因素。家庭环境和教养方式对某些人格障碍特质的形成可能有着重要的作用。有一个实验邀请了793位母亲和小孩做被试，主试询问这些妈妈是否对孩子说过“我不喜欢你”之类的话，或曾经威胁要把孩子送走。那些曾经遭受过这种言语虐待的孩子在成年后患上边缘型、自恋型或偏执型人格障碍的概率是其他孩子的3倍。

另外一些研究发现，人格障碍的形成与童年创伤的数量和种类有关。边缘型人格障碍患者在童年时曾遭受性侵的比率明显较高。（但是，这并不意味着所有边缘型人格障碍患者都曾遭受性侵，也不代表所有性侵受害者都会发展出边缘型人格障碍。）

神经发育障碍

这个类别下的心理障碍的症状都在个体发育早期就有所呈现（通常在两岁之前）。最常见的包括孤独症（自闭症）谱系障碍（ASD）和注意缺陷/多动障碍（ADHD）。

孤独症（自闭症）谱系障碍（ASD）

全世界约有1%的ASD患者，男孩的发病率比女孩高。患者主要有以下两类表现。

社交缺陷 ASD患者有交流上的缺陷，因此在社交场合中面临许多困难，包括缺乏眼神接触，语调单调平坦，不懂得接话，缺乏共情能力，兴趣面窄，无法理解社交线索。

重复受限的行为模式 患有ASD的儿童或成人都可能常做某种重复性的动作，这有时被称作刻板行为。一个常见的例子是反复拍打自己的手臂或在自己面前挥手。ASD患者还可能迷恋某些难以理解的物体或地点，如某家特定商店、一条路的名字，甚至某个特定词语。

这个障碍是一个“谱系”，意味着不同患者的严重程度或症状各有差异。那些程度比较轻的患者有时会被称为阿斯伯格综合征患者。另外，和那些严重的“孤独症”患者不同，ASD患者在语言发展方面没有明显的阻碍。

目前人们对ASD的成因还不太了解。研究发现，遗传是一个很重要的因素。对于同卵双生子来说，如果其中一个患有ASD，另一个也会有约75%的概率患病。

学界普遍认可基因遗传的影响，但对其他因素的作用争议不断。一个突出的争论点是，ASD是否与接种MMR疫苗（麻疹、腮腺炎和风疹的联合疫苗）有关。然而，尽管学界在这方面做了许多研究，目前仍然没有可信的研究结果表明两者之间存在关联（见第232页）。

孤独症（自闭症）谱系障碍的治疗

目前，孤独症还没有有效的治疗方法，无法根治。对患者有帮助的治疗手段着眼于弥补他们在行为和学习方面的缺陷，通过一些教育课程来培养他们的社交和沟通技巧（如学习如何开始对话），这些技术被称为应用行为分析（ABA）。心理治疗也可以帮助患者提高社交技能。例如，学习如何理解他人感受并且做出回应，或者进行认知能力的训练，如鼓励性的想象游戏。

雨　人

有一种独特且罕见的孤独症名为学者症候群，这类患者可能在音乐、艺术或者算术方面展现出过人的才能。在1988年的电影《雨人》中，达斯汀·霍夫曼主演的角色生动地描绘了这类患者的形象。大约10%的孤独症患者属于学者症候群患者。

学者症候群最早由19世纪的英国医生约翰·朗顿·唐（John Langdon Down）提出（他也是唐氏综合征的发现者）。学者症候群的名字源于法语中“学者”（Savant）这个词，它用于形容学习能力强大或知识水平很高的人。最初，唐把他的病人称为“智障学者”，因为他们在许多方面存在缺陷，却又同时展现出某种让人惊叹的才能。

达斯汀·霍夫曼在《雨人》中饰演一名孤独症患者，让学者症候群开始为公众所知。

金・皮克是《雨人》的角色原型。事实上，他根本不是孤独症患者（2008年，他被诊断为FG综合征）。

《雨人》中的天才学者角色原型名为金・皮克（Kim Peek），他在2009年死于心脏病，终年58岁。事实上，他并非真的患有孤独症，而是在出生时经历小脑受伤。据说，他能够记住超过12000本书，包括《圣经》和莎士比亚的所有著作，并且熟记美国各个地区的代码、主要城市的邮政编码以及地图。（他能精确说出从美国的一个城市去另一个城市途中会经过的每一条路。）他还有计算日历的能力，阅读速度极快，能够同时用左右眼分别看两页书。

皮克小时候被认为是“智障”，但随后就凭借惊人的知识量被誉为“行走的搜索引擎”。尽管有如此过人的天赋，他却无法独自洗漱穿衣。金的第一份工作是去管理一份160人的工资单，他仅用几小时就做完了这个常人要花一个星期完成的任务，而且没有用计算器。后来，他还是被解雇了，两个全职会计和一个全新的计算机系统取代了他。

金赢得了克里斯托弗・里夫基金会颁发的奖项，表彰他在帮助其他残疾人的事业上所做出的贡献。这对他来说实在是一个了不起的荣誉，毕竟他在7岁时就曾被赶出学校，仅仅因为有7分钟的时间“太不听话”。

关于MMR疫苗的争议

MMR疫苗是一种针对麻疹、腮腺炎和风疹的儿童疫苗，通常在幼儿12～18月大时初种，在3～5岁时加强一针。这三种疾病有概率引发一些可能致命的并发症，包括脑膜炎、脑肿胀（脑炎）、失聪等。自1988年引入英国以来，MMR疫苗几乎根除了这三种疾病。

然而，1998年医学杂志《柳叶刀》（*The Lancet*）刊登的一篇研究文章指出，MMR疫苗与孤独症的形成有关，文章的作者是肠病专家安德鲁·韦克菲尔德博士（Dr Andrew Wakefield）以及其他12名学者。这引起了广泛恐慌，导致疫苗接种率直线下降。1998年，英国的麻疹病例仅有56例，2007年却上升到1346例。2006年，一名13岁男孩还因此去世，是英国近14年来首位因麻疹去世的病人。

一位名叫布赖恩·迪尔（Brian Deer）的记者在深入调查韦克菲尔德的研究后，直指研究结果存在问题。他还宣称韦克菲尔德和此事存在利益冲突。随后，英国医学总会召开听证会，在2010年1月判定韦克菲尔德存在严重职业不当行为，并将其从总会除名。《柳叶刀》杂志最终也撤回了1998年刊登的文章。

除了那篇臭名昭著的文章外，别的相关研究都无法找到MMR疫苗和孤独症的关联。例如，2014年的一个研究搜集了4个国家100万名儿童的数据，却没有发现任何证据能证明MMR疫苗与孤独症的形成存在关联。

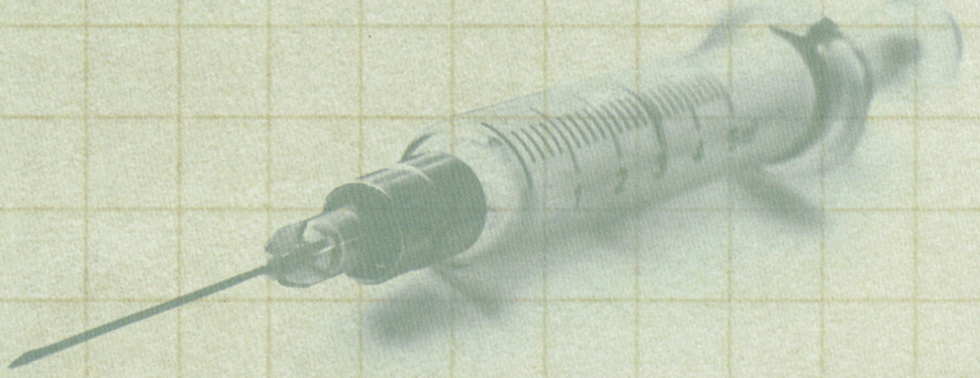

注意缺陷/多动障碍（ADHD）

又称注意缺陷障碍（ADD），是另一种常见的精神发育障碍，症状包括以下方面。

注意障碍 包括容易分心，遗漏细节，常忘记或丢失物品，频繁地从一件事转向另一件事，无法专注在同一件事上，难以学习新东西、完成家庭作业，对别人的话心不在焉，爱做白日梦，难以明白和遵循指令。

多动 包括难以保持静坐，总是扭动身体，坐立不安，无休止地说话，总是匆匆忙忙，不自觉地接触和玩弄视线范围内的所有东西，难以进行安静的任务或活动。

冲动 冲动症状的例子包括非常急躁，脱口而出不合时宜的话，做事不顾后果，在游戏中难以忍受排队轮流的规则，经常打断别人的对话和活动。

不是所有患有ADHD的孩子都会呈现上述的所有症状，有的孩子可能主要表现出注意障碍，有的则主要是多动，有的也许两者都有。ADHD的症状会对孩子的学业造成很大影响，还可能让他们难以结交

患有ADHD的儿童和成人要很努力才能专注在学业上，因此他们在完成学业方面有很大阻碍。

ADHD的治疗

目前还没有彻底治愈ADHD的方法，但在症状严重的时候，药物通常能起到控制作用。哌甲酯（商品名为利他林或专注达）和安非他命（阿得拉）是最常用的药物。你或许觉得奇怪，既然多动是ADHD的主要症状之一，为什么还要使用这种兴奋剂性质的药物，事实上，这些药能通过刺激脑回路来帮助患者保持注意力。

有时，认知行为疗法（见第241页）、心理治疗和社会技能训练也会辅助治疗使用。正念疗法（见第245页）在许多案例上也取得了不错的效果。

朋友，觉得自己被孤立，因而感到压力大，而且沮丧。虽然这个障碍会伴随终生，但症状会随着时间减轻，尤其是多动方面的症状。对于成年患者来说，他们大多会选择那些和症状冲突较小的职业，如能够让从业者自由安排活动时间的行业，以及那些不用总是坐着专心办事的工作。（非办公室的工作、创业或者其他经常变换工作环境的行业都是ADHD患者所青睐的。）

由于诊断标准不同，ADHD的发病率难以确定，但数据显示患病人数在近年呈大幅上升趋势。目前关于ADHD的诊断还没有明确的标准，但有越来越多的儿童被贴上ADHD标签，这也让有些人质疑目前的诊断标准是否过于宽泛。例如，美国疾病控制中心的全国性调查显示，自1985年到2011年，被诊断为ADD/ADHD的儿童人数增加了830%。事实上，美国有11%的学龄儿童和接近五分之一的高中男生有ADHD的诊断，ADHD已经成为儿童身上第二常见的长期疾患（发病率仅稍低于哮喘）。

和孤独症（自闭症）谱系障碍一样，导致ADHD的成因很可能也是多方面的。威尔士的卡迪夫大学最近对366名ADHD患者进行基因研究，通过和1000名正常儿童进行对照，他们发现ADHD儿童存在DNA片段复制或遗失的现象。之前也有研究表明，ADHD儿童的兄弟姐妹患病的风险比其他儿童高出4～5倍，而大多数父母却对自己孩子患病的事实懵然不觉，直到孩子被诊断之后才恍然大悟。

你有ADHD吗？

许多成年人意识不到自己患有ADHD，因为过去人们对这种障碍的认识和诊断比现在模糊得多。很多患者在被诊断之后，才开始明白自己在生活中屡屡受挫的原因。成人ADHD的部分症状如下：

- **难以集中注意力** 包括发现自己在开会时总是人在心不在，或者觉得很难长时间坐着，这些症状还可能引发事故，如开车容易发生意外。患者也许还会觉得自己很难聆听别人说话，在感觉烦闷时总想出去走走，这些都可能导致患者在工作或人际方面出现问题。

- **心神不定** 例如，总是觉得坐立不安，很难长时间静坐。

- **冲动** 如果你经常不先想清楚就去做事情或采取行动，总是不考虑后果，那你可能就是一个具有冲动性的人。

- **很难完成任务** ADHD患者经常会有新主意，热衷于开展新计划，但往往在事情完成之前就意兴阑珊，半途而废。部分原因是因为他们很容易在做事的过程中分心。

- **缺乏组织性** 症状包括把家里或办公室弄得一团糟，总是迟到或者丢失东西等。这些同样可能引发工作及人际交往方面的问题。

心理治疗

心理治疗是心理学家为那些在生活中陷入困境，精神健康出现状况的人调节情绪或改善行为的过程，他们根据心理学理论和研究成果，通过一系列干预措施去改善个体目前的思维、行为模式或者人际关系，又或者帮助处理过去的创伤和困扰。心理治疗的目标是帮助个体减轻情感上的痛苦，提高他们的社会功能和幸福水平。无论有精神健康问题的成人和小孩、学习障碍患者，还是躯体或神经残疾的人，都可能成为治疗师的工作对象。心理治疗有各种不同的流派取向，不同的治疗师可能精通不同的方法。这里列出了较为常见的治疗取向，并对它们做了分类。

与训练有素的治疗师进行“谈话治疗”是许多心理治疗方法的共同要素。

心理治疗	
治疗取向	流派方法
认知与行为	行为治疗、认知行为治疗、正念认知行为治疗
心理动力学	自由联想、短期心理动力学治疗
人本主义	完型治疗、人类天赋法治疗、个人中心治疗、焦点解决短期治疗、存在心理治疗
精神病学	药物治疗、电击疗法
其他心理学取向	整合疗法、交流分析、EMDR（见第214页）
非心理学取向	神经语言程序学、催眠、情绪释放技术

PSYCHOLOGICAL THERAPIES
认知行为疗法

这个取向的疗法着重于改变患者的思维、行为模式。思维和行为经常是相互影响的，认知行为取向认为，如果我们能够转变思维模式，那些不具有适应性的行为模式也能随之得到改善。

行为疗法

该疗法有时也被称为行为矫正。这种疗法的目标是改变患者身上那些不恰当的、无益的、导致问题产生的行为模式。行为疗法对于成瘾、焦虑、恐怖症和强迫症患者都有不错的效果。

行为疗法的基本原理：患者的无益行为是习得的，因此也可以通过反向干预来消除这些行为。它并不关注行为形成的原因和过程，而把焦点放在学习如何以不同的行为模式处理问题。因此，它不强调探索患者过去的经历，更多地把工作重心放在修正目前的行为模式上。

行为疗法基于条件反射理论（见第96页），它的许多治疗方法都以经典条件反射和操作性条件反射为基础。（正如第98页介绍的，经典条件反射指无意识的自动行为与一个刺激之间的关联，而操作性条件反射则利用了强化的原理。）

以下是一些基于经典条件反射理论的治疗方法。

系统脱敏疗法　这个疗法让患者逐步暴露于刺激源，借此来消除患者对这些刺激源的条件反射。例如，对一个害怕蜘蛛的患者进行干预，可能会先让他学习在谈到或者读到关于蜘蛛的材料时不再害怕，再练习在与蜘蛛同处一室时如何克服恐惧，之后尝试靠近蜘蛛，到最后抓起一只蜘蛛。治疗师会教患者一些在恐惧时能派上用场的放松技术，以此来降低刺激源引起的条件反应式的恐惧。这个疗法对恐怖症和惊恐障碍的治疗效果良好。

厌恶疗法　系统脱敏疗法的原理是打破刺激源与消极反应之间的关联，而厌恶疗法则是要建立一种“有用”的新关联。例如，让一个强迫症患者在手上套一条橡皮筋，每当有强迫思维侵入脑海，就让他用橡皮筋弹自己的手腕——这是为了建立强迫思维与（轻度）痛苦感之间的关联。同样，在征得戒酒者同意的前提下，治疗师会在酒里加入会引发严重恶心干哕反应的药片，戒酒者会由此建立喝酒与恶心反应之间的关联，从而降低喝酒的频率。

厌恶疗法有时能非常有效地解决酗酒问题，方法是将会引起恶心呕吐反应的药片加到酒中。

满灌疗法　这个疗法直接让患者多次反复暴露于他们最恐惧的场景中，直到他们的焦虑感消失。满灌疗法的理论认为，人不能一直维持极高的唤醒水平，患者最终会感觉筋疲力尽，而焦虑感和恐惧感也会自动消失。例如，一名被困在电梯里的幽闭恐惧症患者最终会自己停止焦虑。然而，这个疗法具有一定的危险性，如果患者在治疗过程中要求中止（接受满灌疗法的患者有权随时中止治疗），他们之后有可能对刺激源有更严重的恐惧感。

基于操作性条件反射的治疗方法则有以下这些。

代币疗法　运用积极强化原理，每当患者做出“正确”的行为，就可以赢得“代币”（如积分、“星星”、贴纸等，用来换取某种特权、奖励或者其他奖赏）。代币疗法常用于治疗学习困难的患者，通过逐步纠正行为的每个小部分来最终塑造适当的行为模式。在日常生活中，我们也可以运用代币法来塑造行为，如提高小学

使用满灌疗法要非常谨慎，因为让患者直接面对他们最害怕的东西有可能弊大于利。

生的出勤率，或者培养员工养成准时到岗的习惯。最终的目标是让新习得的行为模式在没有奖励的情况下也能维持下去。

模仿学习疗法 这个方法的关键在于通过观察和模仿来学习，可以应用于针对儿童或学习困难者的师友及朋辈辅导计划。患者通过观察其他人如何做出适当行为并且进行模仿，来学会目标行为模式。例如，害怕狗的孩子可能通过观察父母和狗愉快玩耍的情境而逐渐降低对狗的恐惧。

让孩子观察父母亲和狗愉快玩耍有利于降低对狗的恐惧，因为这是很好的榜样行为。

认知行为疗法（CBT）

认知行为疗法由心理治疗师阿伦·贝克于20世纪60年代提出，它是行为疗法（见第238页）和认知疗法的结合。认知疗法的目标是改变思维模式，而行为疗法着重对行为模式进行修正。认知行为疗法看到了两者之间的联系，即人们的想法会对行为造成影响。它的目标是改变患者的思维及行为模式。

认知行为疗法的核心前提是，人的思维会强烈影响他的感觉和行为，那些有抑郁或焦虑等心理障碍者的问题在于，他们的思维过程是“非适应性的”（无益的）或者消极的。认知行为疗法的主要目标是帮助患者识别出那些消极、无益的想法，并将其转化为更积极、有用的思维方式。很多人都有惯性思维，如总是有悲观想法，这意味着他们会因此产生不好的感觉，并且做出无益的行为。认知行为疗法的目标是让他们意识到自己的这种模式，并且建议他们以更乐观积极的方式思考问题。

想象一下，你在街上看见某个熟人或

老朋友，但对方似乎无视你。如果你惯用无益的思维方式，可能会有如下想法：“他无视我！他肯定不喜欢我！其实我根本就没有多少朋友，没有多少人喜欢我。我肯定是一个不招人喜欢的人。我还是直接回家算了，反正现在要去见的人肯定也不喜欢我，我还不如自己消失，好让他们高兴一点。他们肯定是出于同情才邀请我一起来的。”认知行为治疗会帮你识别出在这个场景下出现的“错误思维”（缺乏事实依据的或有缺陷的思维模式）。

“他无视我！”（这只是你的假设，还可能有其他解释，如对方根本没看见你，或因别的事分神了。）“他肯定不喜欢我！”（这同样只是你的假设。另外，你还在尝试“度人之心”，事实上你并不能看穿对方的心，不可能知道他不喜欢你。）“其实我根本就没有多少朋友。”（将一个单一事件不合理地引申到生活中的其他事件。）“没有多少人喜欢我。”（仍然是在做假设和试图度人之心——你怎么知道一定是这样呢？）“我肯定是

一个不招人喜欢的人。”（你给自己贴了消极标签，还有“全或无”的思维方式：你觉得自己是“不招人喜欢的人”。事实上，在某些情境下有人会喜欢你，但不是任何人不管何时何地都会喜欢你。）“我还是直接回家算了，反正现在要去见的人肯定也不喜欢我，我还不如自己消失，好让他们高兴一点。”（上述的思维模式正在影响你的行为。）“他们肯定是因为同情我才邀请我一起来的。”（仍然是做假设和试图度人之心。）

认知行为疗法会帮助患者挑战这些“错误思维”，治疗师可能会建议他们寻找能够支持假设的证据，或以另一种方式去解读事情。在这个过程中，工作的重点是关注此时此地发生的事，而不是追究问题的成因。当然，很多消极的思维模式是从童年开始建立起来的，因此不能完全忽略患者的过去。但是，总的来说，这个疗法更加关注的是解决当下的问题，而不是帮助患者搞明白自己为什么会有这种模式。

非适应性思维有一个突出特点，它们通常都是非常消极的。人们很容易陷入负性思维的恶性循环当中，这种念头通常有以下特征。

- 经常是扭曲的，和现实并不相符。
- 带有消极影响，会让患者感觉糟糕或抑郁。
- 这些念头表面上都很真实合理，以至于患者很难意识到应该去质疑它们。
- 它们是不由自主地产生的，这意味着患者很难控制这些念头。

这些非适应性的想法经常反映出患者低自尊、自我批评、自责的特征，以及习惯以消极方式解释事物，对未来不报期待的特点。认知行为疗法的作用就是去挑战这些念头。其中一个方法是要求患者记录“思维日记”，让他们在日记中写下生活中发生的事情和相应的想法，在心理咨询时把日记带来，由治疗师挑战日记上记录的想法。患者最终会由此学会去挑战自己的想法。在我们刚才的例子中，你可能会这样回应下表所示的问题。

治疗师的问题	患者的回应
你说没有多少人喜欢你，有证据吗?	呃，只有这个人无视我。事实上，这不足以证明所有人都不喜欢我。如果我想验证，可以看有多少人在社交平台上给我发的状态点赞和评论，和其他人的情况对比一下。如果我和朋友得到的点赞数差不多，那说明我也许没有自己想象中的那么招人讨厌。
这些想法会对你产生什么影响?	它让我变得沮丧，并且陷入一个消极的循环，让我哪里都不想去，觉得全世界都跟我作对。它甚至可能导致自我实现的预言——我越是退缩，就越少人想和我来往，然后我就会把这解释为没人喜欢我。
有另一种可能的解释吗?	可能她没看见我，或者在想着自己的事情出神。或者，她确实在无视我，但这也不代表所有人都不喜欢我。
你犯了哪些思维错误?	我假设自己知道别人在想什么，凭借一件事来推断所有的事情（一个人喜欢或不喜欢我，都不能说明我就是一个不讨人喜欢的人），给自己贴标签，仅关注消极的部分（觉得自己被无视），而忽视了积极的部分（我正要去和朋友喝咖啡呢）。

治疗过程是需要花费一定时间的，但有经验的认知行为治疗师应该有改变患者思维和行为模式的能力，让他们感觉更积极，以更具适应性的方式行事。

正念认知行为疗法

正念疗法是一个相对较新的技术，它通过冥想、呼吸和瑜伽等方式，帮助患者不带批判性地关注当下。正念训练帮助个体更加能够觉察和应对掌控自己的想法、情绪和身体。

正念减压疗法（MBSR）由马萨诸塞大学医学院的乔·卡巴金（Jon Kabat-Zinn）发明提出，它是一个以正念为基础的认知治疗项目，运用了正念冥想、身体觉察和瑜伽这些技术。正念认知行为治疗（MBCT）则是一种旨在预防抑郁复发的心理治疗方法，结合了传统认知行为疗法以及正念与正念冥想技术。

接受与实现疗法（ACT）是正念疗法的一种特殊类型，它基于两个核心：接受不可控的事情，以及愿意做出改变来获取进步。它关注的是创造富有意义的生活，而不把精力花在减少症状上，它认为人有时候需要通过接纳症状来提升自己。

正念疗法非常流行，它包括正念减压疗法和接受与实现疗法等。

PSYCHOLOGICAL THERAPIES

心理动力学疗法

卡尔·荣格是瑞士心理学家和精神病医生，他对心理动力学治疗的发展产生巨大影响。

心理动力学疗法和目前介绍过的治疗方法不太一样，它把焦点放在患者过去的经历。它的一个关键要素是“潜意识”，治疗师会运用各种不同的技术将潜意识过程带到意识层面。这些潜意识过程大多在儿童阶段形成，因此，了解它们为何及如何产生似乎是解决问题的关键。所以，心理动力学治疗的目标是提升自我觉察，让患者明白过去的经历是如何对现在的生活起作用的。

心理动力学疗法植根于弗洛伊德的精神分析方法（见第14页），因此它是现代心理治疗方法中最为古老的一种。此外，精神分析的其他拥护者，如卡尔·荣格（Carl Jung）、阿尔弗雷德·阿德勒（Alfred Adler）、奥托·兰克（Otto Rank）、梅兰妮·克莱茵（Melanie Klein）等人，他们的著作同样对心理动力学的方法论产生了深远的影响。心理动力学取向的治疗师认为，我们会在潜意识中运用否认、投射等防御机制（见第250页）来压抑痛苦的感觉和记忆。尽管这些防御在短期内的确能起到保护作用，但从长远来看，通常是无益的，因为它们会妨碍我们解决面前的问题和困境。

本我、自我和超我

弗洛伊德认为人格结构可以分为三个部分，即本我、自我和超我，它们在生命的不同阶段发展而来。

1. **本我** 包括人格中所有的先天（生理的）元素，它被认为是三个结构中最为原始和本能的一个。本我遵循“享乐原则”，要求对食物、水、性和其他基本需求的即时满足。

2. **自我** 和受本能驱使的本我不同，自我更加成熟，并且会尝试控制本我。它不像本我一样遵循享乐原则，而是依照“现实原则”，试图通过现实的、不会引起不良后果的方法来满足本我的需求，如让本我的驱力到合适的时间再展露出来（忍到工作完成之后再和朋友聊天）。自我会视社会的期待、规范、礼仪和规则来行事。

3. **超我** 超我充当类似“良心”的角色，它包括我们从父母及他人身上学到的价值观和道德。它主要通过内疚感来对自我形成影响。

弗洛伊德认为这三种结构持续处于一个矛盾状态中，它们都试图影响人的行为。

安娜·弗洛伊德是西格蒙德·弗洛伊德的第六个孩子（配图是他们的合照）。她在父亲工作的基础上继续研究，自己也成为一位著名的心理治疗师。例如，她进一步发展了父亲关于自我和防御机制的理论。

心理动力学取向的基本假设包括：

- 任何精神健康问题，以及许多问题行为，都能在潜意识领域找到根源。
- 精神决定论认为所有行为的出现都有其原因，如潜意识中的创伤、渴望或冲突。

- 儿时的经历会对成年后的行为、感觉以及心理问题形成影响。
- 潜意识领域的不同部分，即本我、自我和超我（见第247页），永远处于相互冲突的状态。
- 为了避免本我、自我和超我的冲突导致不愉快的后果，人们建立起不同类型的防御机制。

自由联想

精神分析治疗的其中一个主要的技术是自由联想，它鼓励患者不去试图控制或抑制自己的想法，随心所欲地向咨询师说出涌入脑海的想法。这个过程可以绕开防御机制，让真实感受呈现出来。治疗师有时会说出一些词（如“父亲”或者患者配偶的名字），然后要求患者说出浮现在脑海中的第一样东西，不管那听起来有多怪诞，有多傻。当然，这要求患者对治疗师有足够的信任。例如，患者也许声称自己和父母的关系很好，但在自由联想的过程中，他可能脱口而出一些父母让自己失望的事情。治疗师帮助患者识别出这种新涌现出的情绪，并且借此来引导患者建立更健康的行为和思维模式。

短期心理动力学治疗

心理动力学治疗可能持续很长时间，有的甚至需要几年。然而，也有一种适用于某些个案的短期心理动力学治疗。这种情况通常是治疗师识别出一个明显的问题，并且在评估后认为患者也有能力迅速识别和解决这个问题（尽管如此，治疗仍然可能需要至少进行25次）。

心理防御机制

为了应对和减缓焦虑，人们经常使用防御机制，而这通常是自发地、无意识地进行的。1936年，安娜·弗洛伊德（西格蒙德·弗洛伊德的女儿）从父亲经手的案例中归类出一系列防御机制。

压抑　指在潜意识中尝试将不愉快的想法、记忆和感受驱逐出意识甚至记忆领域。人们可能会压抑创伤事件的记忆到一定程度，使自己仿佛已经“忘记”经历过这件事，但却没有意识到，即使被压抑的记忆，仍然会对我们日常的感受和行为产生影响。

投射　不承认自己有不合适的想法和感受，而是将其归咎他人，或将这些想法或感受“投射”到他人身上。例如，我们可能会指责伴侣经常发脾气，而事实上那是我们自己在发脾气。

反向形成 为了和那些不合适的想法或感受保持距离，人们可能会做出和他们真实意图相反的举动。因此，也许我们心里憎恨一个人，但在行为上却会对那个人格外好。

合理化 试图用错误的解释来合理化不被接受的行为、想法或感受。例如，如果你从公司偷拿笔，可能会通过“大家都会这样”或者“我工作这么努力，占点小便宜很正常”等想法来合理化这一行为。

置换 将对某人某事的情感转移到其他人或事上面。例如，当我们在工作上不顺心，回家后可能和伴侣争吵，这就是置换在起作用。

否认 当一个人拒绝承认对其他人来说显而易见的事实，那就是在否认。例如，某人可能会否认自己因为压力大或感到抑郁而需要帮助，因为一旦承认这一点，他就必须接受自己的弱点被别人看破。

退行 为了让自己感觉更加安全，更加省心，人们有时会倒退回一个比较不成熟的心理状态，这被称作退行。例如，当我们情绪低落，可能就会通过儿时爱吃的食物来得到慰藉。

升华 将不被接受的念头和感受转化为可被社会接受的行为。例如，通过体育活动来排解愤怒和攻击性。

建立治疗师和患者之间的信任

患者相信治疗师具有足够的资质来处理他们的问题，并且一直遵循伦理规范，这种信任对于治疗关系尤为重要。另外，建立信任的方法还包括严格的保密制度（未经患者同意，治疗师不会向任何人，包括患者配偶或家人透露其状况），以及不推荐非必要的治疗手段。患者还需要相信治疗师不会评判或轻视他们。治疗师通常通过主动聆听、给予回应、表现尊重（如及时回电话、按时接待患者、穿着得体、有所准备）等技巧来促进治疗关系中的信任。

PSYCHOLOGICAL THERAPIES

人本主义治疗

人本主义取向的治疗技术关注人类发展过程中自由意志、自我发展和成长的作用。它倾向于关注当下，关注患者此时此地的状况，而不去考虑他们为何产生这个状态，或者他们对未来的看法。它通过强调“自我实现”（发挥自己的潜能）来帮助患者认识到自己的能力、创造力，学会自己做出抉择。人本主义心理学的潜在假设包括以下方面。

- 人的体验（包括思考、感觉、认知、感受、记忆等）是关键。
- 个体应当承认自由意志的作用，承担起自我成长和实现的责任。
- 每个人都会努力争取自我实现（达到潜能最大值）。
- 人性本善，只要置身于好的环境下，人都能体验到成长，在儿童阶段尤其如此。

人本主义取向下有许多不同的方法，这里列举了最常见的几种。

完型疗法

弗里茨·珀尔斯（Fritz Perls）、劳拉·珀尔斯（Laura Perls）和保罗·古德曼（Paul Goodman）在20世纪四五十年代创立了完型治疗法，它强调个体整体的体验，包括想法、感受以及此时此地的行动。因此，它不像心理动力学治疗那样强调过去，除非这些过去经历对现在造成了影响。完型治疗法强调个体应该学习一些技能和方法来更好地觉察自己的感觉、想法以及信念。其中包括一系列技巧。

角色扮演 治疗师可能会饰演造成患者目前所处困境的角色，如患者的配偶或者父母。患者需要与治疗师扮演的角色互动。双方扮演的角色身份也可能对调，由此来让患者体验不同的感受，帮助他们更好地自我觉察。

“空椅”技术 治疗师在患者对面放一张空椅子，要求患者想象一个重要的人正坐在椅子上面，如他们的父母、配偶或其他有特别意义的人。患者首先会和这个想象中的人进行互动，如向他们倾诉或提问。然后，患者坐到空椅子上，饰演那个“重要的人”，与想象中的自己互动对话。这个技术的目标是帮助患者觉察到被压抑的感受，因为冲突和痛苦可能都源于这些感受。

在“空椅”技术中，患者会想象空椅子上坐着重要的人，并与这个人进行“互动”。

人类天赋法治疗

这种疗法认为，如果我们能更加敏感地觉察到自己与生俱来的需求和资源，我们会感到更加快乐和幸福。所有人都有一系列共同的先天的生理及情感需求，以及一系列有用的生理及情感资源（见下表）。在日常生活中，我们运用自己的“天赋资源”来满足“天赋需求”。一旦需求得到满足，我们就会感觉快乐和满足，而当需求（尤其是情感需求）无法被满足，我们就会感受到压力或沮丧。这个疗法对需求和满足的分类如下表所示。

需　求	资　源
• 安全	• 记忆
• 自主和控制	• 建立关系
• 身份	• 想象力
• 隐私	• 本能和情感
• 关注	• 理性思维
• 与更广阔群体的联系	• 隐喻式思维
• 亲密	• 观察性自我
• 能力和成就	• 做梦的大脑
• 意义和目标	

人类天赋法治疗师会运用放松、形象化、引导式想象以及比喻等技术来帮助患者认识到自己未被满足的情感需求，并学习利用自己的资源来满足需求。

个人中心治疗

个人中心治疗也被称为来访者中心疗法或罗杰斯疗法，它是卡尔·罗杰斯（见第33页）在20世纪四五十年代创立的一种人本主义取向治疗方法。它不将治疗视为专家治疗病人的过程，认为治疗师和来访者处于平等地位，二者共同努力去解决问题。罗杰斯确信，治疗师要做到温暖、诚恳、善解人意，才能让来访者的情况有所好转。在这个取向的视角之下，改变生活的责任落在来访者自己身上，而不应由治疗师来承担。它不像心理动力学那样分析潜意识层面的动机，而是假定来访者清楚自己的感受。因为罗杰斯认为，来访者才是治疗自己的专家。

协助来访者进行自我帮助

卡尔·罗杰斯对“病人”（Patient）这个词的态度很审慎，他更倾向于使用“来访者”（Client），因为他觉得这有利于构建更平等的咨询关系，而不是一个全知的医生去治疗一个“有病的”患者。个人中心治疗不像心理动力学治疗一样关注可能导致来访者出现问题的潜意识元素，治疗师是非指导性的，不会明确要求来访者做什么，不会评价他们，也不会直接给出解决问题的答案。相反，他们会协助来访者自己想出办法来解决问题。

个人中心疗法的三个“核心原则”

- 治疗师要对来访者保持“一致”，这意味着他们要以真切、诚恳的态度与来访者互动（而不像心理动力学治疗师那样维持相对中立的形象）。
- 治疗师要对来访者做到“无条件积极关注”，要对来访者表达真切的关心，以及接纳、不评判的态度。
- 治疗师要对来访者有“共情性的理解”。

罗杰斯认为，只有当治疗师做到这三点，来访者才能敞开心扉表达自我，无须担心治疗师如何看待或评判他们。和认知行为治疗不同，治疗师也无须试图改变来访者的思维方式。这种由来访者主导的方式，让他们有足够的空间去探索自己觉得重要的议题，而不是由治疗师决定治疗方向。这也让来访者有机会自己领会不一样的思考方式，以促进个人成长。在这个过程中，治疗师的作用是提供恰到好处的非评判和非引导性的环境，让来访者能更放心惬意地进行自我探索。

值得注意的是，虽然个人中心疗法源于人本主义理论，但其他流派的治疗师（如认知行为治疗和心理动力学治疗）也会采用其中的一些原理和价值观。

卡尔·罗杰斯博士在1966年带领一个团体治疗小组，他对每个小组成员都展现出了无条件积极关注和共情性理解。

焦点解决短期治疗

它也被称作焦点解决治疗或短期治疗。这个流派和其他大多数流派都不太一样，不强调分析问题本身，而是着重找到解决问题的措施。治疗过程通常只有三到五次，相比其他流派来说是很短的（认知行为治疗也许需要12次以上，心理动力学治疗甚至可以持续数年）。其他流派的治疗师可能会花很多时间在思考、谈论和分析问题上，但问题本身仍在持续。而焦点解决短期治疗的治疗师则会运用他们的长处和技巧来帮助患者找到解决方案，而不会花费太多时间和精力在分析问题上。自从在20世纪80年代中期被提出以来，学界已经证实它对许多障碍都有不错的干预效果。

在治疗中，治疗师会询问患者一些问题，并鼓励他们找到合适的解决方案。治疗师通常会运用以下技术。

询问“例外” 大多数人都会发现自己的问题并不是无时无刻持续的——有时他们会感觉稍微好点，或感到短暂的放松。这些感受比较好的时刻之所以出现，通常是因为我们运用了应对资源。询问例外的情况——如“有没有一些时候，这个问题没有那么困扰你？”或“有没有你觉得比较高兴的时候？”——能帮助人们对这些时刻有所觉察，并且回想自己运用了什么资源来让情况变好。通过探索这些“例外时刻”如何产生，并且看到在这个过程中

奇迹问题技术让患者想象如果问题奇迹般地解决了，生活会变成什么样子。

患者所拥有的能力和资源，治疗师就可能帮患者找到问题的解决方案。

量表法 治疗师会让患者填一个0～10计分的量表，请患者判定自己目前状况该得几分，他们希望改变到几分的状态。这有助于设立目标，并帮助判断目标是否达成。量表也可以用来评定目前问题的严重程度。

奇迹问题 治疗师让患者想象：一个晚上，奇迹降临，患者一觉醒来，发现困扰自己的问题已经迎刃而解。然后，治疗师询问患者：你是怎么知道问题已经被解决的？有什么改变会发生？生活会变成怎样？这个技术帮助患者看到没有被问题困扰的生活是什么样子的。它旨在增强患者的改变意愿，让他们看到问题是如何一步步得到解决的。

存在心理治疗

这个流派用更加哲学的视角来探索患者的问题，它不以各种技术为基础，更多探讨诸如生命的意义这类话题。它不强调过去，关注此时此地，认为情感和心理问题源于个人与存在的几个基本方面的对抗所造成的冲突，这些基本方面包括不可避免的死亡、自由、责任、存在孤独以及无意义。

存在心理治疗的理论在人本主义和精神分析取向中都有迹可循，而且它在很大程度上还受到19世纪哲学家（如尼采）的影响。在治疗中，治疗师会帮助患者面对四个“既定”（Givens，或称“终极关怀”），包括他们在广阔世界中的角色，他们的社会性世界、内在世界以及理想世界。存在心理治疗旨在帮助患者面对与生活及其意义有关的焦虑，并让患者明白，人可以自由选择生活方式，但要意识到选择后需要肩负的责任。治疗师会辅助患者逐步掌控自己的生活和选择，理解生活的意义。

PSYCHOLOGICAL THERAPIES

精神病学取向

有时候，精神科医生或其他医师会独自（或和心理治疗师一起）处理一些精神健康和心理障碍问题。

药物治疗

药物治疗对很多障碍都有成效，如精神分裂症、双相情感障碍、焦虑和抑郁症。医生经常会给有抑郁症状的患者开抗抑郁药，因为相比心理治疗来说，药物治疗见效更快，费用更低，也更简便（心理治疗可能需要预约很久，并且治疗过程比较费时）。他们还可以对患者的情况进行紧急处理，让患者能重新“站起来”，从而有能力去寻求其他心理治疗的帮助。

抗抑郁药通常通过提高脑内神经递质（见第61页）的水平来起作用。一些神经递质可以改善心情，如血清素和去甲肾上腺素，但目前人们对它们起作用的具体机制还不完全了解。抗抑郁药包括以下几种。

五羟色胺再摄取抑制剂（SSRIs） 这是最常见的一类抗抑郁药，因为它们的副作用最小，即使过度用药，造成的危害也相对较小。最早的SSRIs药物出现于20世纪80年代，它可以抑制突触前膜对血清素的回收，以延长后者在大脑中的作用。具体的药物包括氟西汀（商品名为百忧解）、西酞普兰（喜普妙）、帕罗西汀（塞尔特）以及舍曲林（左洛复）。

五羟色胺和去甲肾上腺素再摄取抑制剂（SNRIs） 是SSRIs药物的替代品，它不仅对血清素起作用，还作用于去甲肾上腺素。有的患者对此类药物反应更好。常见的有度洛西汀（欣百达）和文拉法辛（怡诺思）。

去甲肾上腺素和特异性五羟色胺能抗抑郁药（NaSSAs） 对于那些不宜服用SSRIs药物的人，NaSSAs药物可能会起效。在英国，常见的NaSSAs药物是米氮平。

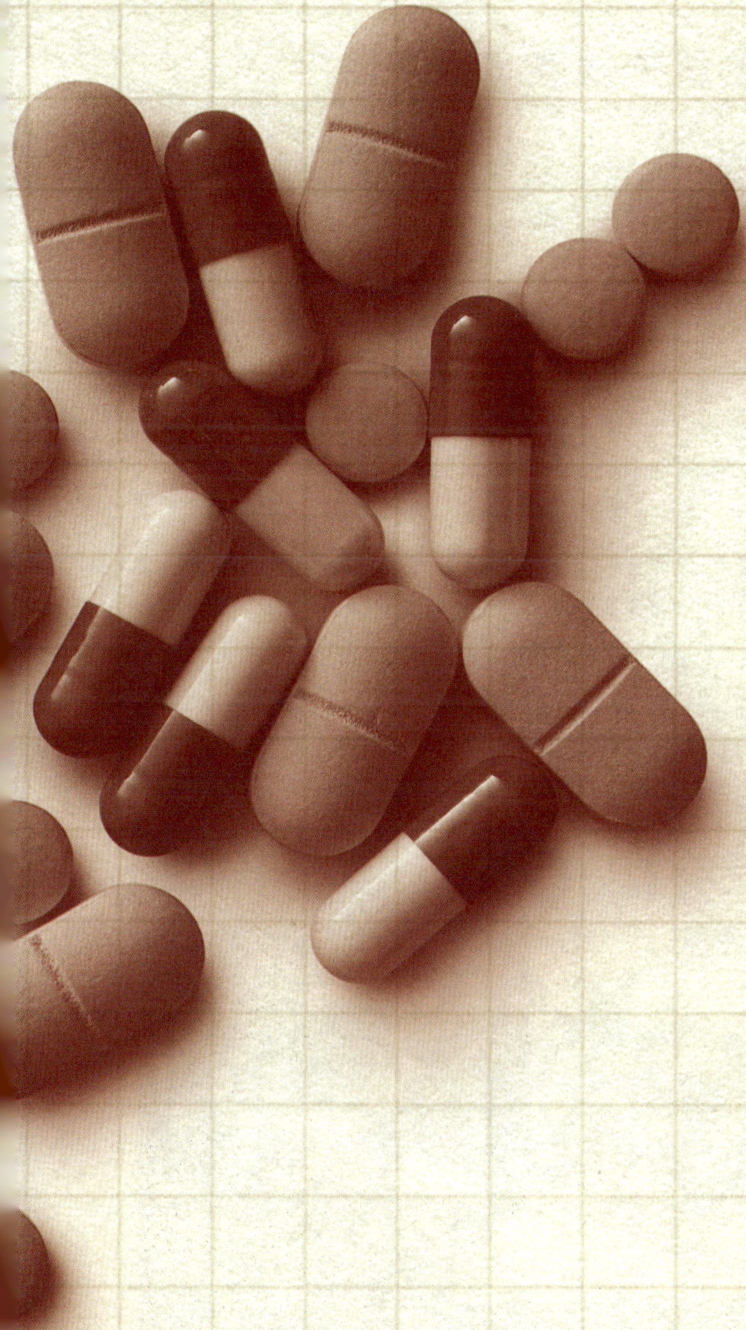

三环类抗抑郁药（TCAs） 出现较早的一类抗抑郁药，目前不再作为首选药物，因为过度用药可能造成严重后果。这类药物包括阿米替林、氯丙咪嗪（安拿芬尼）、丙咪嗪、洛非帕明以及去甲替林。

上述所有抗抑郁药都可能导致恶心、睡眠问题、视力模糊、心悸和头痛等副作用，甚至可能使焦虑症状加重。它们还可能出现戒断反应，因此不能轻易突然停药。

抗抑郁药对治疗焦虑也有效果，但也有专门的抗焦虑药，如苯二氮平类镇静剂，包括安定、阿普唑仑（赞安诺）、氯氮卓（利眠宁）、劳拉西泮（乐耐平）和奥沙西泮（舒宁）；还有β-受体阻滞剂（如普萘洛尔）。

电影、文化作品中的精神健康问题及治疗

令人遗憾的是，诸如《沉默的羔羊》《辣手美人心》《闪灵》《惊魂记》等电影中对精神健康问题的描述大多是不现实和负面的，精神状况出现问题的人常被描述成疯子、坏人或者危险的人。在《蝙蝠侠：黑暗骑士》中，蝙蝠侠就用“精神分裂”一词来形容小丑。这些角色总是被描述得非常危险，他们总会在一些特别的日子表现出自己的凶残，如月圆之夜、万圣节或者黑色星期五。另外，在电影里，有精神障碍的角色总是很快被治好，并且对他们的治疗师产生爱意。

电影对治疗师的描写也经常是不现实的。男性治疗师总是被描述成古怪的、疯狂的、不称职的（《天才也疯狂》）或邪恶的（《剃刀边缘》《飞越疯人院》）。女性治疗师角色则经常压抑自己的情感，直到她们爱上男性来访者（经典的象征动作是摘下眼镜，或者把头发放下来）。

当然，也有一些例外，如《爱情从白痴开始》里丹尼尔·克雷格的角色，以及《美丽心灵》里的罗素·克劳，都用比较贴合实际的方式描述了精神分裂症患者的形象。

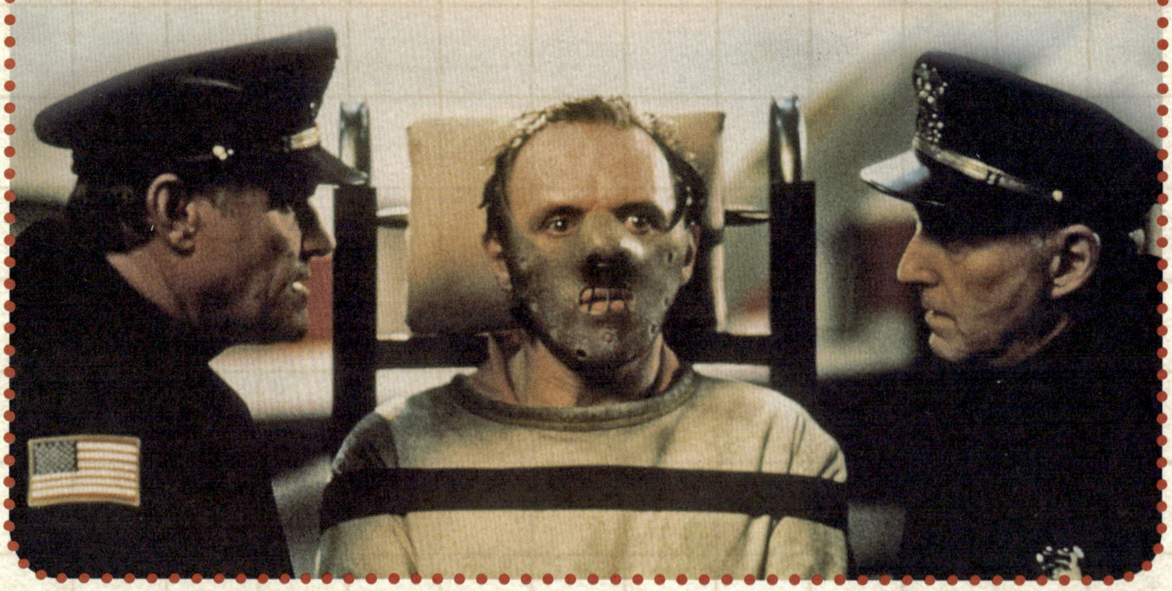

电击疗法（ECT）

尽管电击疗法现在已经不太常用，但它仍然值得一提，因为它曾经被广泛应用于重症抑郁和其他精神障碍的治疗。

电击疗法出现于20世纪30年代，当时的医生发现，同时患有癫痫、抑郁或精神分裂症的患者，在每次癫痫发作后，精神健康状况都会有所好转。据此，利用电流刺激来在大脑里模拟癫痫发作的电击疗法诞生了。而在今天，一般只有当药物对患者不起作用，或患者难以忍受药物的副作用，才会考虑使用电击疗法。然而，电击疗法本身也会引起副作用，如头疼、神智混乱、因肌肉紧绷造成的损伤以及记忆问题，这也是它如今很少被使用的原因。随着更有效的治疗方法出现，1985—2002年，电击疗法在英国的使用率减少了一半。但是，包括英国、美国、奥地利、澳大利亚、加拿大、丹麦、荷兰、德国和印度在内的许多国家仍然允许使用电击疗法。在美国，每年仍有10万人接受电击疗法。

电击疗法是过去常用的治疗方法，但其副作用（尤其是记忆受损）使它在如今的使用率较低。

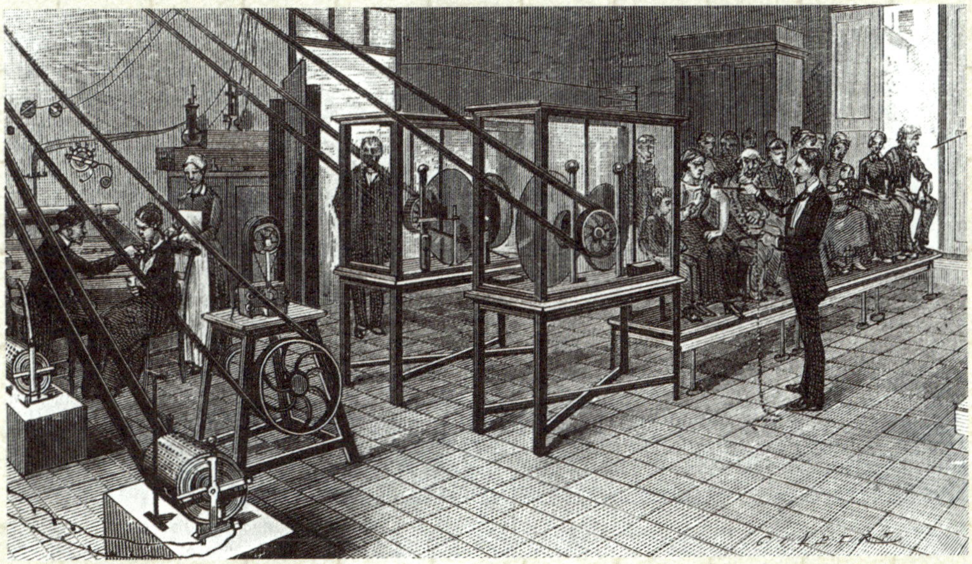

其他治疗方法

上述某些治疗方法事实上同时具有好几种流派的特点，但我们还是可以把它们归到最贴近的类别里。然而，还有一些治疗方法并不适合被归到任何一个单独的取向类别中，包括在第214页介绍过的眼动心身重建法（EMDR）、整合疗法以及交流分析。

整合疗法

这是一个结合了多种流派技术的心理治疗方法，它利用不同疗法的不同元素来满足患者各种各样的需求。它采用了人本主义取向原理，但也强调治疗方法的选择要取决于患者的人格和问题。它认为每个患者都是独立的个体，治疗方法应该量身打造，而不是让患者去适应某种方法。整合疗法将个人看作一个整体，强调以整体视角来理解每个患者，包括他们的情感、认知、行为、心理系统、所处的社交环境，以及与周围环境交互的模式。

埃里克·伯恩博士是交流分析法的创始人，这种技术对理解人们之间沟通困难的问题很有帮助。

交流分析（TA）

交流分析由埃里克·伯恩（Eric Berne）于20世纪五六十年代提出，这种技术借鉴了人本主义、存在主义、心理动力学和认知行为治疗的元素。它将人格分为三种类型——成人型、父母型和儿童型。我们和他人的交流模式取决于我们以及对方所处的人格状态。

例如，有人每次和权威角色交谈时，人格状态就会从成人型转变成儿童型，交流也因此出现问题。处于儿童型状态的人，会显得愤怒、不搭理人或叛逆，这会影响他们与权威角色的交流和关系。交流分析帮助患者了解自己为什么会自动进入某个状态或“剧本”，以及学习如何改写剧本，让自己保持在成人型状态。

因此，交流分析也有助于我们明白自己思考、感受和行为的模式。当我们评判周围的人或者环境时，我们实际上进入了父母型状态，我们会变得强势，喜欢告诉别人该做什么，不该做什么。相反，成人型模式能够让我们更理性地思考和看待这个世界。而当我们像小孩一样叛逆、顽固、恼怒或顺从，其实是在触碰自己内心的小孩。通常，我们在面对不同的人时，会自动进入不同的状态，这会导致许多不愉快、冲突和痛苦。交流分析帮助我们突破这些剧本限制，并学习如何尽可能停留在成人型状态。

交流分析帮助我们觉察自己或对方变成“内心的小孩”的时候。它也可以帮助我们和对方更好地维持在成人型状态。

非心理学取向的治疗方法

一些补充疗法有时也会被认为是心理学疗法，但事实上，它们并不基于心理学的理论和研究，有的甚至根本没有科学依据，如没有经过双盲实验验证（见第40页），而有的仅有传说事例支持，有的完全没有经过心理学家所要求的严格科学测试。另外，还有一些技术只被证实对部分个案有效，因此还缺乏可以应用到更广泛人群的依据。

这并不是说我们接下来介绍的治疗方法没有作用。有许多患者和从业者都证明了这些技术的功效，其中有些对某类特定的人甚至有显著效果。

神经语言程序学（NLP）

20世纪70年代，理查德·班德勒（Richard Bandler）以及约翰·葛瑞德（John Grinder）（两人都有心理学受训背景）在加利福尼亚创立了这门技术。它的基本原理是：人类的三部分功能是相互关联的，包括神经系统、言语系统和从经历中习得的行为模式。NLP认为，语言可以对大脑行为产生影响，从而改变大脑对刺激源（程序）的反应模式，据此来养成更具适应性的新行为。

这个技术部分基于行为矫正理论，患者需要明白自己希望达成怎样的转变效果，并且具有足够的自我觉察，能够灵活地调整自己的行为，直到目标达成为止。为了让患者朝理想中的目标前进，它会教导一系列语言和行为模式。总的来说，NLP的机制就是通过学习特定的新技能来打破旧有的不良习惯及行为模式，培养更合适的行为模式，促成积极转变，让患者能更好地自我觉察以及与他人交流。

不少从业者和患者都表示，这种技术对不少问题的干预效果不错，因此它也得到了迅速的发展。但是，到目前为止，还缺乏可信的研究结果证明它作为一个疗法是有效的。因此，它还没有得到英国国家医疗服务体系的认可（这个体系只承认已经经过科学证实的疗法）。这并不是说NLP没有用，只是许多人倾向于将它视作一个模型，而不是一种疗法。实际上，有许多心理学家和治疗师会运用NLP的一些原理技术，但他们不会自称为NLP从业者。

催　眠

许多人认为催眠不太称得上是一种疗法，而更像一种深度放松的状态。它引领患者进入另一种意识状态，让患者能够只关注治疗师，从而更加接受治疗师给出的建议和指导。在催眠状态下，患者处于十分放松的状态，因此治疗师可以深入他们的潜意识过程。

有传说事例证明催眠能够处理一系列障碍，但由于缺乏可信的科学研究证据支持，它只能被视为一种补充治疗方法。同样，这并不是完全否定催眠的作用。催眠对一些个案起效，可能是因为它利用了患者的受暗示性，甚至是安慰剂效应的结果。目前有些证据支持催眠对戒烟、减重等问题的功效，但仍不足以支撑其成为一个可以在临床上广泛应用的治疗方法。

情绪释放技术（EFT）

这是一种比较新的替代疗法，目前还缺乏大量临床证据支持它成为一个主流方法。EFT也被称为敲打疗法，它是一种针压法，只是不以针为工具，而是用手指进行按压。按压的目的是为特定的经络注入动能。在按压的过程中，患者要在脑中想着特定的问题，并同时说出对问题的积极肯定的回应。据称，这个过程能清除人们能量系统中的情感阻碍，可以用来治疗从恐怖症到PTSD等一系列障碍。令人遗憾的是，目前只有很少的科学研究证实了它的功效。

第五部分

EVERYDAY USES OF PSYCHOLOGY

日常生活中的心理学

心理学是一门令人着迷的学科，因为它激起了人们对人类行为的兴趣。与此同时，我们也能在每天的生活中实际应用心理学知识。合理运用心理学原理能够为你带来不少转变，甚至完全改变你的生活。

一些解决问题的方案

HOW TO USE PSYCHOLOGY TO...

戒烟

抽烟不仅与尼古丁成瘾有关，它也是习惯、条件反射以及“多巴胺奖赏通路”促成的结果，意识到这些机制有助于降低想抽烟的欲望。尼古丁刺激了脑内的多巴胺分泌，让人感觉良好，从而强化抽烟行为，使其逐渐成为习惯。而禁绝尼古丁则像是惩罚，因为它会引起令人不快的戒断症状，让人有渴望吸烟的感觉。

另外，所谓次级强化物也对整个抽烟过程有强化作用。出去抽烟喘口气、喝杯咖啡、烟草的味道以及夹着香烟的感觉，所有这些都跟抽烟的感觉联系在一起，成为尼古丁的次级强化物。因此，它们也成为引发抽烟欲望的线索。

由于这个条件反射的过程是无意识的，吸烟者在接触到不同的线索时，都会感觉自己有想抽烟的欲望。这就是为什么尼古丁替代疗法有时无法见效——它仅仅解决了尼古丁成瘾的问题，但没有解决由其他线索引起的次级强化。相比之下，电子烟既能提供尼古丁刺激，又能缓解次级强化的影响，而且比直接摄入尼古丁更加健康。

抽烟过程中的许多体验都会成为再次渴望抽烟的诱因，让自己保持忙碌有助于远离这些诱因，从而打破成瘾的循环。

你可以运用不同的心理学方法来抵抗这种成瘾行为。

找一个替代品　打破抽烟和强化刺激之间的联系有助于降低抽烟的欲望，用其他促进多巴胺分泌的活动来取代尼古丁是一个戒烟的好方法。这就是为什么有的人在停止吸烟后体重会增加，因为他们用零食或者其他能够促进多巴胺分泌的东西来替代抽烟。而比较健康的方式包括尝试新鲜事物，培养新爱好，完成某个目标或者和朋友出去玩。还可以尝试多花时间陪陪家人，在烟盒贴上子女或伴侣的照片以作提醒。

避开诱因　避免“出去喝杯咖啡休息一下”等一系列会让你联想到抽烟的活动。

建立惩罚机制　每次抽烟了，让自己做不爱做的事情作为惩罚（如做30个俯卧撑）。这样你就会将抽烟和这些带来负性感受的事情联系起来。

HOW TO USE PSYCHOLOGY TO...

减轻痛楚

如果下次你要面对看牙科、打针之类的痛苦情境，可以尝试运用以下小贴士来减轻痛楚。

分散注意力 将注意力放在痛楚上会加剧你的痛感。疑病症患者就被认为是对自己的身体感官过度敏感。研究发现，关注感官受到的刺激会加剧疼痛感。相反，分散注意力可以在很大程度上降低痛感。因此，如果情况允许的话，可以尝试通过看书、看电影、听音乐、与家人或朋友聊天来转移注意力。

尽量不要太焦虑 焦虑、恐惧和失控感都会加剧痛楚。研究表明，帮助患者排解焦虑情绪和提供心理支持都能够减缓他们的疼痛感，甚至降低对止痛药的依赖。

增强对事件的掌控感 我们越有掌控感，就越有能力应对痛楚，因为疼痛感经常和对未知的恐惧有关。如果你清楚正在发生的事情，并且有随时喊停的权利，你在这个过程中所知觉到的疼痛感可能会完全不一样。

调整期待 你越觉得某件事情会让你感到疼痛，你就越可能真的感受到痛楚。研究表明，不同的人对轻微鞭打的感觉不一样，这与他们对疼痛度的预期有关。

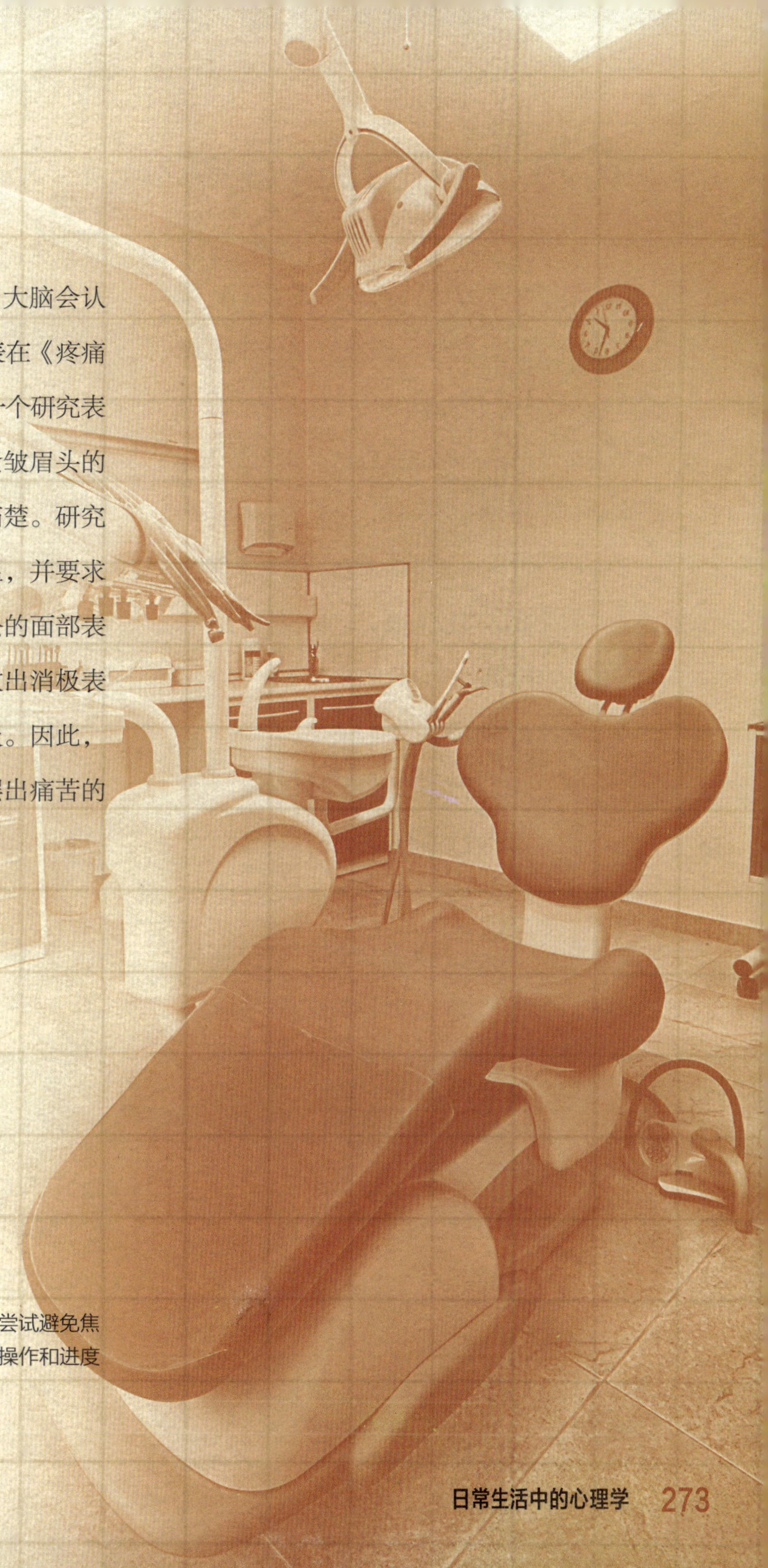

保持微笑 当我们微笑时，大脑会认为我们是高兴的。2008年5月发表在《疼痛学杂志》（*Journal of Pain*）的一个研究表明，在经历不愉快的事情时，紧皱眉头的人会比不皱眉的人感受到更多痛楚。研究人员对29名被试的手臂进行加温，并要求他们做出不高兴、自然以及放松的面部表情。相比其他两组被试，脸上做出消极表情的被试报告了更高的痛苦等级。因此，为了减轻痛楚，我们最好不要摆出痛苦的表情。

如果你想减轻看牙时的痛苦，可以尝试避免焦虑，分散注意力，或让医生告知目前的操作和进度来获得掌控感。

HOW TO USE PSYCHOLOGY TO...

成为一个好领导者

关于领导力的理论多种多样。自从领导力大师詹姆斯·麦格雷戈·伯恩斯（James MacGregor Burns）1978年提出“变革型领导”的概念后，多数人都认同这是一个比较理想的领导形象。以往的追随者往往以服从为条件来赢得来自领导的奖赏（如认同感或报酬），而变革型领导则能让追随者支持他们的整体文化气质，以此来让组织取得更大的进步。

换句话说，人们是出于对变革型领导的信任，而自发性地帮助他们实现目标。他们认同变革型领导的使命，相信自己是愿景中的一部分，并愿意拼尽全力去协助领导。这和传统的“交易型领导”很不一样，交易型领导的追随者之所以按吩咐办事，往往只是为了不被解雇，或觉得自己不得不这样做。

如何成为一个变革型领导呢？下面介绍四种方法。

成为一个好的榜样　设立高标准，并且自己首先做到严格执行。永远不要命令下属做你自己都做不到的事情。要做到亲力亲为，并且遵从道德和伦理规范来办事。

激励下属　设立一个愿景，并和你的下属进行讨论。对目标保持乐观，坚持你信念中的那个更好的世界。

关心下属　把每个下属看作独立的个体，理解他们不同的需求和动机。肯定和赞扬他们的贡献，根据每个人具体的情况提供相应的培训机会。

鼓励下属有自己的想法　听取下属的意见，鼓励他们有更多想法。允许他们和你的想法不一致。鼓励他们就问题提出创造性的方案，而不只是提出能够迎合你的方案。

HOW TO USE PSYCHOLOGY TO...

提高智商

如果你因为工作原因需要进行智力测验的话，其实可以通过很多方法提高测验得分。心理学家研究表明，智商是可以提高的，并且这种提高的效果是永久性的。

正如第67页所介绍的，智力分为两种：晶体智力和流体智力。晶体智力指你所知道的东西，它基于对知识的学习。而流体智力则跟你学习、记忆新知识，并以此为基础来解决问题的能力有关。

以下是一些提高智商的方法。

多阅读 一个语言资源丰富的环境可以增加人的知识和智慧。选择能够拓宽认知的阅读材料，广泛地阅读吧！（遇到不明白意思的词记得要去查明它们的意思，以丰富你的词汇量。）

锻炼记忆力 智商和记忆力通常是紧密关联的，所以，试着用第277页介绍的方法来提高记忆力吧！

锻炼 研究表明，日常坚持锻炼的人智力水平和记忆力都会更好。2013年，波士顿大学医学院的研究人员发现，体育活动对大脑健康和认知技能发展很有好处。2009年，一项针对瑞典1200万男性的研究也发现健康的心肺功能可以显著提高智力。

吃得营养 注意饮食健康也对大脑发展有好处。2014年，有学者发现一些食物对大脑的发展特别有利，如西蓝花、西红柿、菠菜等蔬菜，还有浆果，以及一些体内含有Ω-3脂肪酸的鱼类。这些食物都有利于提高记忆力，促进大脑整体功能。蛋白质富含大量氨基酸，可以促使神经元分泌去甲肾上腺素和多巴胺（见第52页），保持精神敏锐。

练习智商测验题 有人认为，智商测验事实上是考查你做测验题的能力，而做题能力可以通过练习来提高。

学习新技能 这可以锻炼你的大脑，无论象棋、武术、杂技还是排舞，挑战自己去学习新技能都可以让大脑变得更灵活。每种新技能都会建立新的突触连接，从而形成新的神经活动，激发大脑的学习能力。

怀有对知识的渴望 有声读物、播客、网课、纪录片……所有这些都是帮助增长知识的好方法，也会促进智商提高。

挑战自我 挑战拼图、智力比赛、拼写测验等项目，不要依赖攻略，依靠自己的能力从零创造、构建工具、解决问题，所有这些过程都可以强化你的认知能力。

学习下象棋是挑战自我，提高智商的好方法。

HOW TO USE PSYCHOLOGY TO...

增强记忆力

你可以通过锻炼大脑来提高工作记忆水平。尝试花一分钟时间看下面的词语，然后盖上它们，在纸上写下你能记得的词。

夹克、水、信件、雨、尺子、窗帘、盒子、纸、玻璃、毛衣、订书机、拉链、日记、香蕉、鞋子、笔、手镯、照片、椅子、罐头

现在，试着在两个随机的词之间构建联系来帮助记忆。例如，夹克—水（想象穿上夹克挡开别人向你泼来的水），水—信件（想象你正在写一封信，但被水打湿了）。继续用这样的方法为一连串词语或物体建立联系。

用上述方法，花一分钟时间看看下面这一组新词，记得尝试在词语之间建立联系。

鸟、学校、眼睛、咖啡厅、鲨鱼、面包、玉米、血、金钱、报纸、猫、花、太阳、受伤、日历、散步、蓝色、评论、冰箱、账单

写下在一分钟内记住的词语，你应该会发现自己比之前记住了更多词语。

姓名联想 你可以利用将名字和某些东西联系起来的方法来记住人名。例如：罗宾（Robin）——一位看起来像知更鸟（Robin）一样圆胖的绅士；克里斯——高高瘦瘦的，和我认识的另一位克里斯很像；安娜（Anna）——拥有香蕉（banana）颜色一般的金黄色头发。或者，你可以将新的记忆和你过去经历过的事联系在一起。例如，克莱尔——她拥有曼妙的舞姿，和我另一位叫克莱尔的老同学很像，我还曾在学校里和她一起表演过舞蹈。

格式转换 运用“构造”（赋予事物有意义的信息）和“练习”（重复）的方法，可以将信息编码到长时记忆中，从而增强记忆力。完成这个目标的其中一个方法是转化信息“格式”，使其能通过不同的通路进入长时记忆。例如，当要记一个列表的东西时，可以通过用熟悉的旋律唱出来（声音通路）或将它画成画（视觉空间通路）来帮助记忆。另外，用不同的颜色记录书面材料，或用不同的口音或声线来阐述和记忆材料，同样可以达到相似的效果。

组块和联系 其他记忆技术还包括：将信息分成七个组块来记忆（见第89页）；使用助记符（利用幽默或新颖性来助记是最有效的方法，见右页）；或将信息与令人愉悦的香气或声音联系起来。例如，在学习的时候喷点香水，之后就可以借助香水的气味来帮助回忆；也可以在学习时播某类音乐，之后通过听或哼唱这段音乐的方法来帮助回忆。在记忆的时候握着某个物品也有类似的功效，当你在未来再拿起这个物品时，更容易回忆起之前记忆的内容。

助记符

助记符指的是任何可以帮助记忆的学习方法。典型的助记符包括用内容的首字母组成新的单词来记忆。例如，“大米（RICE）原则”记录了扭伤后的处理方法：休息（Rest）、冰敷（Ice）、加压（Compression）和抬高（Elevation）。

另一类常见的助记符是利用首字母来造一个容易记忆的句子。例如，用句子“约克的理察徒然地作战”（Richard Of York Gave Battle In Vain）来记忆彩虹的颜色（赤橙黄绿蓝靛紫：Red，Orange，Yellow，Green，Blue，Indigo，Violet）。

还可以用押韵的方法来助记。例如，用“I before E except after C”（字母I总在字母E前面，除了接在字母C后面的时候）来记住单词拼写规则，用“夜空红彤彤，牧人兴冲冲”来记住夜晚出现红色天空的象征意义。

HOW TO USE PSYCHOLOGY TO...

做出更好的决策

心理学家已经发现了很多启发法或思维捷径（有时也称为经验法则策略），这些方法似乎有助于帮助我们有效地做出决策判断。但是，它们有时候也可能干扰我们做出正确决策。启发法可以帮助我们直接做出决策，而不需要总是花大量时间将每件事都衡量一遍。但是，根据启发法做出的决定有时也会让我们失望。为了不让自己落入直觉的“圈套”，你需要注意以下几点。

可得性启发 指人们根据最容易想到的事情来做出判断。例如，在看到空难消息后，人们比平时更倾向于觉得坐飞机很危险，但这只是因为他们此时更容易在脑中提取到关于空难的信息，而飞机失事率本身没有变化。人们可能因此而选择不坐飞机，而这个决定本身缺乏事实依据，并不是一个好的决策。

过度自信 人们倾向于对自己的知识或技能过度自信。例如，当被要求评价自己的友善程度时，大部分人都会觉得自己高于平均水平。（2014年的一项研究，发现85%的人都会觉得自己的友善度高于平均水准。）事实上，总有一半人的友好度是低于平均水平的。显然，有很多人高估了自己的这个特征。

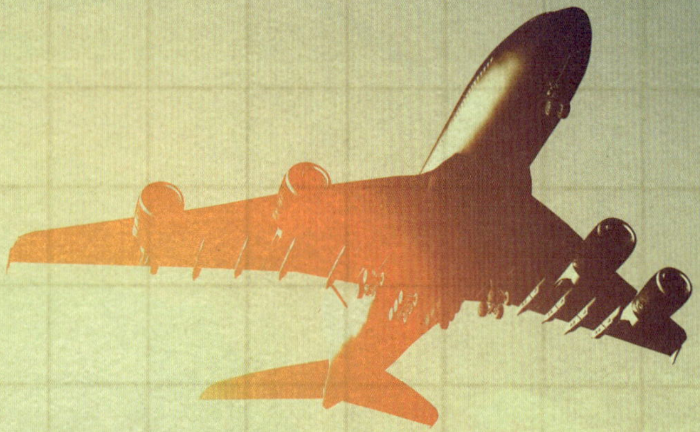

可得性启发解释了人们比较害怕飞机失事而不是车祸的原因。事实上，航空事故很罕见，但每次发生都会有新闻报道，这使我们的大脑更容易想起这类信息。

过度自信在很多情况下都会出现，如在评价自己的幽默程度，或者判断自己小孩的“颜值”是否高于平均水准的时候。在做决策时，过度自信会影响我们对风险的觉知。换句话说，我们会因为过度自信而错误估计风险发生的可能（如觉得“不幸的事永远不会发生在我身上”，或者“我肯定不会这么倒霉”）。在听取权威人士的意见方面，人们也可能出现过度自信的情况。在听到某个“专家”发表观点时，过度自信会让我们确信那就是真理。所有这些都会使我们的决策出现偏差。

锚定与调整法则 在做决策时，我们倾向于先“锚定”某个相关信息，再围绕这个信息进行调整，直到做出我们认为合理的决策（见右侧介绍）。信用卡公司很会利用这个人们惯用的思维捷径：你注意到它们如何通过提高你的信用额度来让你消费更多吗？这是因为我们习惯以信用额度值为锚定点来决定每月花费多少。

锚定与调整法则

你知道尼罗河有多长吗？如果提示你，它的长度在1600～24000千米，你会猜它有多长呢？

现在，如果让你在800～8000千米再猜测一次，你又觉得应该是多长呢？

你第一次猜测的数值很可能比较大，这是因为你用了题目给定的范围作为“锚定点”，根据这个点来调整和估计猜测的数值。

HOW TO USE PSYCHOLOGY TO...

留下好的第一印象

心理学的很多技术都可以帮助我们在首次见面时给对方留下好印象，这对求职面试特别有用。大多数人只需要几秒钟就会对另一个人产生评价（这就是所谓“薄片撷取”），所以第一印象十分关键。以下是一些好的建议。

利用晕轮效应 正如第180页所介绍的，晕轮效应是一种认知偏差，指的是我们对一个人的整体印象会被他的某个突出特质所影响——那个突出的优点会像晕轮一样环绕着他。合适的衣着打扮、礼貌的握手、灿烂的笑容和自信的肢体语言都可以创造晕轮效应。就算之后你不小心说了蠢话，晕轮效应的作用也会把你的瑕疵掩盖掉。

展现共同点 正如第300页所说的，我们都喜欢和自己相似的人（也许是因为我们面对熟悉的东西时会感觉更自在），这叫作“相似吸引理论”。越早展现出你和对方的相同点，就越能让对方在你身上找到熟悉感，从而更加喜欢你。共同点可以是爱好、兴趣、最近看的电影，甚至想法观点。如果你发现自己和对方在兴趣上没什么共同点，就应该转而去聊能和对方产生共同话题的事情。

保持开放性　人们通常都喜欢乐于表达的、热情的人（这种倾向被称为“善于表达的光环”），因为这让我们感觉自己更能够理解对方。与被排斥相比，人们也更喜欢和信任那些能够接纳自己的人。因此，多去向别人表达你的生活、感受和态度，并且保持开放性，能为你赢得更多的信任。

善于聆听　每个人都喜欢谈论自己，因此，确保你为别人留下了说话的空间。当对方开始说起自己的时候，尝试认真去聆听，而不是只关注自己想要说的话。主动聆听能让对方觉得你在意他说的话，从而对你产生好印象——毕竟大家都喜欢认为自己有趣的人。

第一印象在很短时间内就会产生，因此，尽量确保自己给别人留下好的第一印象，这可没有第二次机会！

HOW TO USE PSYCHOLOGY TO...

提高创造性

你会为不知道如何解决问题而烦恼吗？你竭尽全力，但仍想不出来新点子吗？心理学能够帮助你创造性地提出让人惊喜的方案和点子。

无聊的价值 无聊可以提高创造力，这个说法由来已久。当人们感到无聊时，很难专注在任务上，而倾向于把思维转移到能够产生更多刺激的地方。尽管躯体无法摆脱无聊的状态，人们的注意力却会从外部转向内部，开始专注于自己的想法、感受和体验，因为它们具有眼前的无聊任务所不具备的刺激性。这个内部关注的过程可能关于如何用新方法来处理眼前的无聊问题，让它变得有意思，也可能是别的完全无关的主题。注意力的转移是无聊最直接的副产品，人们也把它叫作白日梦。之前的研究发现，做白日梦能够调节无聊所带来的不安感，这表明它是对无聊状态的一种应对策略。换言之，无聊对提高创造力是有价值的，因为它能让人做白日梦，而白日梦对创造力非常重要。

动态记忆 白日梦还是动态记忆的一部分，而动态记忆与人们对信息进行再评估，对问题再次思考的能力息息相关。做白日梦让人有机会再去考虑那些萦绕在脑海中的问题。每当他们吸收了新的资讯，或者想到新的方案，都可以随时随地再把问题分析一遍。白日梦让那些非逻辑性的、不切实际的方案得以被探索，在这个过程中，更富有创造力的方案有可能应运而生。换句话说，无聊和白日梦都可能帮助人们更具创造性地解决问题。

HOW TO USE PSYCHOLOGY TO...

变得更加快乐

下面是一些对提升幸福感有帮助的心理学技巧。

心怀感恩　研究表明，心怀感激的态度与幸福感存在非常强的关联。这也许是因为懂得感恩的人在生活中更可能获得积极的体验。感恩意味着承认其他人做了好事来帮助我们，承认我们值得接受来自他人的善意。这能提升自己的价值感，感觉自己被他人关爱，从而让自尊得到提升。还有研究表明，懂得感恩的人更能够体会生活中简单的美好。

学会知足　试着用日记记下每天遇到的值得感恩的事，你会感到更加庆幸和知足，并且更能以感激之心去对待每一天的生活。

多做好事　2006年，一项日本的研究发现友善的人能体验到更多快乐，并拥有更多幸福的回忆。这项研究表明，只需要坚持记录下每周里自己做的好事，我们就会变得更加快乐。这可能因为记录能帮助我们觉察自己是一个多么友善的人，自尊也随之得到提升。事实上，仅仅是帮助他人的念头就足以让我们变得更快乐，这是有心理学依据的。大脑扫描的研究发现，助人行为能激活我们的中脑-边缘通路，从而分泌更多让人感觉快乐的多巴胺。

懂得宽恕　消极地批判他人以及抱持怨怼之心，只会造成更多的怨恨、痛苦和消极情绪，降低我们的幸福感。试着从他人的视角看待问题，尝试给别人更多的信任，你会感到更加快乐。

参加愉快而有意义的活动　寻找在日常生活中的小幸福——品尝一杯咖啡，和几个朋友碰面，晒晒太阳。学着发现和感激这些蕴藏在日常生活中的快乐，你会发现生活其实多么惬意。选择一个既感兴趣，又能锻炼自己能力的活动去参加吧（终日沉迷网络可不算有意义的活动哦）！

HOW TO USE PSYCHOLOGY TO...

设计一个好的网站

你的网站的每一个元素都可能对潜在客户带来心理上的冲击。以下是一些心理学小贴士，可以让你的网站变得更吸引人。

提高可信度 顾客倾向于光顾自己信赖的商家。亮出能让人产生信任感的东西吧，如专业资格、获奖证书、其他顾客的反馈和推荐、售后保障等，这些都有助于提高销量。

让顾客觉得你和他们是一样的 许多网站都会有“关于我们”的页面，用来介绍自己的商业故事。人们都喜欢和自己相似的人，因此，加入一些能让顾客觉得你和他们很像的元素有助于提高销量。例如，如果目标客户群是年轻的妈妈，你就可以试着贴上一张自己作为年轻妈妈的照片，讲述母亲这个身份是如何启发你去经营这些商品的。

色彩的运用 不同颜色能唤醒不同的情感。例如，蓝色通常被认为是一个比较可靠的颜色（所以许多银行用蓝色作为商标的主色调），黄色让人感觉热情，而红色则是炽烈的、激动的。要根据你希望传递的品牌形象选取合适的颜色。

社会比较理论 人们做决定时，通常都会参考其他人的选择。如果他们发现很多人买了你家的产品，自己也更可能选择购买。这就是为什么“推荐一个朋友来获取折扣”这个策略非常有效，鼓励顾客在社交平台上分享自己的购买经历，也有助于客流量的提升。

顾客对网站的印象很大程度上受心理学规律的影响。

免费的“干货” 为你的潜在顾客提供一些有用的建议、资讯或有趣的小测验，这时互惠原则会起作用，顾客会产生回报你的想法，从而更可能购买你的商品。

正确的字体 清晰易读的字体就是最好的字体。研究发现，让被试看印有花哨字体和普通字体的路牌，他们会认为花哨字体的路牌指向的路程耗时更长。同样，字体花哨的餐牌也会让顾客觉得这顿饭需要吃更长时间（这对高级餐厅也许有利，但对快餐店来说就不是什么好事了）。

HOW TO USE PSYCHOLOGY TO...

减轻体重

“健康信念模式”可以帮你坚持节食。这个模式认为，人们都会估计执行减重计划（节食、锻炼）对促进健康的价值以及需要付出的成本（时间、金钱、生活质量），这当中包括许多考虑因素。根据健康信念模式，你是否能够坚持节食计划取决于以下因素。

知觉敏感性 指的是你认为不坚持节食计划有多大可能会对自己造成消极后果（如会让你的身体状况变糟，或者自尊心因此下降）。

对后果的预期 指的是你认为消极后果有多严重（例如，“不节食可能会得心脏病”这个预期的后果就比“可能会胆固醇过高”更加严重）。

健康信念模式指出，如果你认为不节食的后果远大于节食需要付出的成本，你就更可能坚持下去。另外，你对自己的意志力越自信，坚持下去的可能就越高。

觉察到的阻力/成本 这包括经济上的成本，也包括心理上的抗拒感（如觉得节食之后生活品质会有所下降）。

觉察到的好处 例如，节食之后会更好看，身体也会更健康。这些好处重要到让你愿意付出成本。

行动的动力 指能让你下定决心做出改变的东西，如在办公室圣诞派对拍下的那张你胖得像条搁浅的鲸鱼一样的照片。

自我效能感 指你在多大程度上相信自己能够坚持下来。如果此前你已经失败过十回了，这次也没多大信心能坚持下来，那你注定会失败。

因此，越能做到以下几点，你的节食计划就越可能成功。

- 你确信如果再不节食的话，会有可怕的、严重的后果。
- 你已经考虑过节食可能带来的心理成本（如无法品尝可口的美食）。
- 你相信减轻体重对自己有很多好处（身形更好看，自我感觉更好），这些好处值得你承受相应的成本。
- 你有采取行动的动力（例如，对健康的担忧，或在休假游玩时绝望地发现自己胖得卡在了飞机座椅上）。
- 你自信自己有坚持节食的能力（这可能因为你采取了某些新方法来节食，或者拥有强大的社会支持）。

知道了这些会对节食造成影响的因素后，你就可以通过调节这些因素来提升节食成功的可能性。例如，去进行身体检查，明确继续摄入高脂高糖食物的后果；列一张表写下减重的好处；尽量减少节食计划所需要的成本；拍一张不满意身形的照片贴到冰箱上（这招还挺管用）；最后，做好心理建设，相信自己有能力在一段时间内遵从现实可行的节食计划（注意，你的节食计划应当包括吃真正有益的食物，而不是只喝水不吃饭，甚至还需要考虑接受相应的健康疗程，以及寻找充足的社会支持）。

HOW TO USE PSYCHOLOGY TO...

对孩子进行如厕训练

这个话题涉及条件反射和行为塑造（见第98页）。基于条件反射的训练过程应该是持续强化的，也就是说，每次你的孩子能够顺利在便盆里如厕，你就应该给他奖励来强化这一行为。除此之外，以下的技巧可能也会有所帮助。

行为塑造 为了达到最终目标，只要孩子能做到整个过程的其中一步，都应该给予奖励，以此来塑造他们的行为。对于一些孩子来说，当他们能够坐上便盆，就可以给予奖励。而对于另一些比较抗拒的孩子来说，只要他们愿意接近、触碰便盆，或者穿着裤子坐在上面，都应当给予奖励。

从偶然到习惯 当你成功让孩子愿意不戴尿布坐上便盆之后，你可以转而对长时间坐在便盆上的行为进行嘉奖。我们的目标是把那些偶然发生的好结果（坐在便盆上如厕）给“捕捉”住。在这个过程中，你的奖励应该是即时的，并且能让孩子高兴，这样他们才会愿意重复这一行为来赢得奖赏。这一过程应该持续到孩子能或多或少按照生理需求在便盆上如厕为止。

负性行为 你的孩子可能仍然会时不时尿裤子，对此，你也可以用条件反射的理论去进行处理。有的家长喜欢用惩罚的方法，但惩罚通常不像奖励那样有效。尿裤子本身造成的消极强化可能会起作用——尿湿的裤子会让孩子感觉不舒服，因此他们希望使用便盆来避免这种不适感。所以，可以选择无视负性行为，继续采用奖励的方法来增强正性行为。

奖励 应该选用什么来做奖励呢？巧克力和糖果通常很受欢迎，但对孩子的牙齿和身体健康不太好。贴纸图表运用了代币法的原理（见第240页），可能会是不错的奖赏。

如厕训练是每个小孩和家长都必须经历的，运用心理学原理能够让这个过程更轻松一点。

当然，口头表扬本身已经是很好的奖励，你也可以选择给坐在便盆上的孩子讲故事，让他们因为感受到来自父母的关注而产生正性感受。最终，所有奖赏都会被内化而不再被需要。经过如厕训练的孩子再尿裤子时，那种潮湿和不舒服的感觉本身就是一种惩罚，因此他们不再需要外在的奖励来刺激他们使用便盆。

HOW TO USE PSYCHOLOGY TO...

应对青少年的暴躁脾气

青少年的家长都知道孩子的脾气有多可怕，运用以下心理学贴士也许能让你比较安心地度过孩子的叛逆期。

避免消极情绪相互作用　这指的是，当孩子开始冒犯和控诉你的时候，要抑制住自己的怒气，尽可能用恰当的方式去回应。当被攻击时，人总是希望保卫自己，但这种行为对对方（尤其是青少年）来说适得其反。你要明白，孩子也许只是在试探你，因此不要给他们机会去怀疑你对他们的爱，那只会助长他的不安全感。

维持“成人型状态”　本书第264页所介绍的交流分析认为人们在交流和互动过程中有三种状态：成人型、父母型和儿童型。处于儿童型状态的人往往表现得像孩子一样，易怒、不讲道理、情绪化、用五岁小孩的方式行事；成年人也很容易进入这种状态。你的孩子在尽力变成“大人”时，恰恰很可能表现出儿童般的行为。另外，成人型状态意味着你试图和对方保持一个平等的关系，而父母型状态则表示你希望展示自己在权力和知识方面的权威性。当父母处于父母型状态而青少年处于儿童型状态，冲突往往就会发生。而比较理想的场景应该是父母和青少年子女都处于成人型状态。但是，你要怎样把眼前这个蛮横的青年变为“成人”呢？最好的方法就是先让自己维持在成人型状态。因为一旦你进入父母型状态，你的孩子就很难不以儿童型的方式来回应你。因此，尝试保持冷静，避免消极情绪相互作用（见前文），不要像对待儿童一样对待子女，避免摆出居高临下或被迫迁就的姿态，用理性的方法处理问题，不要感情用事。

做些新奇好玩的事 另一个缓和青少年暴躁脾气的方法是做一些新奇好玩的、不合常理的事情。例如，突然从果盘里拿起一根香蕉，把它当作麦克风，唱出最爱的经典金曲；或者，在厨房里翩翩起舞，模仿最爱的电影明星形象。所有这些都有利于让青少年减缓愤怒情绪，缓和局面。（当然，不要做那些疯狂到会让你被抓进精神病院的事情。）

青少年脾气变得暴躁是他们在成长过程中非常典型的阶段特征，这是因为其缺乏足够的成熟度来控制情绪。

HOW TO USE PSYCHOLOGY TO...

辨别他人是否撒谎

很多人都觉得自己知道懂得如何识别谎言，如看对方是否眨眼过快或眼神闪烁（不和自己直接对视），但在大多数情况下，这些其实都不管用。例如，很多骗子都知道眼神闪烁是说谎的特征，因此他们会在说谎时尽量与人保持眼神接触。

下面我们介绍五个更加有用的技巧，它们都是说谎的人最难伪装的细节。

重复使用某些词语 说谎者需要专注于记住自己的谎言，因此倾向于使用最常见的词语来减轻他们的“认知负荷”。因此，你问得越多，越会发现他们在用相同的词语讲述事情。而说真话的人在语言表达方式上往往更具有多样性。

说话和肢体语言不匹配 人们在说谎时，身体语言或面部表情很可能出卖他们。例如，虽然某人嘴上说着“我喜欢你的新发型”，以下动作却可能提示他在说谎：双手抱胸、轻微摇头，或者用单调的声线来说出这句话。

无法以非线性的方式讲述故事 虽然骗子们能按照时间顺序把假的故事说一遍，但当要求不按时间顺序来说时，他们可能就不会说得那么流畅了。因此，你可以不按时间顺序询问故事细节，看看他们是否说得磕磕巴巴。

很少说“我” 在说假话时，人们倾向于避免使用“我”这个字，这是为了拉远自己和假话的距离。例如，“我和几个哥们出去喝东西了，整晚没跟别的女孩说过一句话”，听起来就比“我们出去喝东西了，和几个哥们一起出去的”可信。

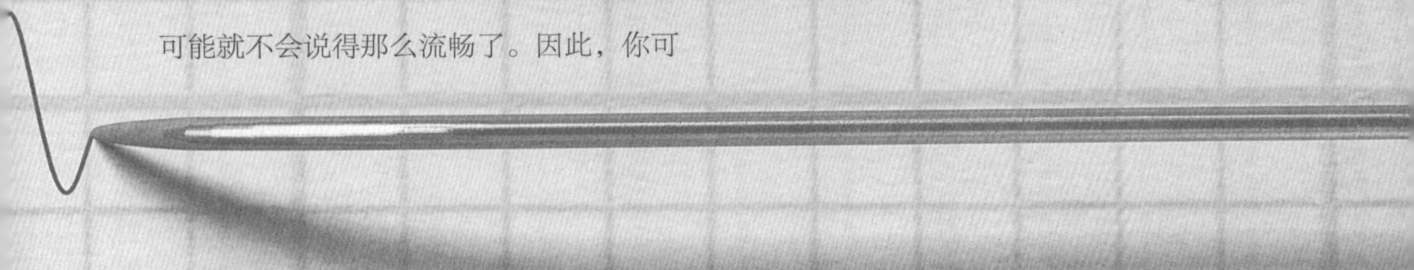

更常用被动语态 “Tennis is played by Jane everyday”（网球每天被简打）是一个被动语态的句子，而“Jane plays tennis everyday”（简每天打网球）是主动语态的句子。被动语态可能提示骗子试图和自己编造的故事保持距离。

测谎仪其实没人们想象中那么管用，它的原理是测试生理上的“唤醒”程度，但人可以学习在说谎的时候控制自己的唤醒水平。相反，很多人在不说谎的时候也会表现得很紧张，测谎仪可能因此误认为他们在说谎。

HOW TO USE PSYCHOLOGY TO...

讨价还价

懂得讲价的人能给自己省下不少钱，以下是一些讲价的技巧。

注意语言的运用 语言中要透露出自信，避免迟疑或者否定的话语。表达迟疑的话语包括“我觉得”“你知道的”“是吗？”，它们会降低你作为一个谈判者的信誉，使你的砍价要求显得软弱无力。另外，诸如“你不觉得……”“你明白吗？”之类口头禅也会让你的讨价还价更无力。

避免“情绪泄露” 人们通常比较会控制自己的面部表情，但控制那些离大脑更远的身体部位就不怎么在行了——我们的手和脚很可能透露情绪。因此，在看到喜欢的商品时，注意不要让手舞足蹈，以免让人一眼看穿。

警惕营销手法 销售员懂得很多小伎俩，如“得寸进尺法”（让你觉得自己真的很喜欢某款产品）、“选择成交法”（如直接问你喜欢哪款颜色）、“限时促销法”（商品仅在今天出售）或者“稀缺感知法”（只剩下最后两件了），让我们产生“不买就错过了”“喜欢就应该买下来”“没什么讲价空间了”等感觉而放弃讲价。

找个同伴和你一起 当你在讲价时，同伴可以帮忙留意销售员的肢体语言，观察他们有没有骗人。例如，留心销售员的话和肢体语言有没有不一致的地方，或者观察销售员有没有眼神闪烁。

唱“红白脸” 同伴还可以和你一起施展一个古老的把戏：一个唱红脸，一个唱白脸。你们可以有不同的“唱法”，但通常情况下，都是一个人负责挑毛病，另一个人表现得很有兴趣，让卖家觉得你还是很想买的。研究发现，负责“唱白脸”的人先开始“表演”，会让讲价的成功率更高。

讲价的关键是不要害怕说“不”，当你能够自信地讨价还价，你就已经踏上成为讲价小能手的道路。

HOW TO USE PSYCHOLOGY TO...

使人变得更友善

如果能用心理学方法来鼓励别人变得友善，岂不是一件很美妙的事？事实上，的确有一些方法可以达成这个目标。

榜样和社会证明 首先，将自己树立成榜样。如果我们表现得友善，其他人也更可能友善地对待我们。如果你在驾驶时主动礼让，其他司机也更可能友善地驾驶。人们喜欢根据他人的表现来调整自己的行为，这叫作“社会证明”，又称“信息性社会影响”。销售员都很会利用这点，他们会告诉你某款产品特别受欢迎，来增强你的购买意愿（这也是为什么他们喜欢请顾客在社交平台上“晒单”）。在街边卖货的商贩还可能找一个“托儿”（假装自己是路过的购买者，实际上是卖家的同伙）买自己的东西，因为当人们看到别人购买某件商品时，自己也会倾向于跟着购买。

替代学习 我们可以运用这个原理来教育孩子变得友善。研究发现，当孩子看到父母做出友善行为（如帮助陌生人），他们也更可能做出类似的友善行为。这是替代学习的一个典型例子，它揭示了人们如何通过周围的榜样来调整自己的行为。

他人在场 旁观者在场也可以促进友善行为，因为被公众认可为一个友善的人有助于提升我们对自己的印象，让我们对自己的感觉更好。因此，如果我们想要鼓励他人做出友善行为，那我们应该为他们提供一些公开展示自己的机会。有趣的是，仅仅是让人觉得自己在被观察（如在旁边挂上一张人脸海报），就已经足以显著增加人们的亲社会行为（如捐款）。

用心理学的原理可以鼓励人们在日常生活中变得更加善良。

自证预言 告诉别人他们有多善良也可以增加他们的善意。人们似乎都会对自证式的预言有所反应。如果告诉别人（甚至只是时不时地）他比其他人善良，对方就会做出更多友善举动。因此，如果你希望自己的小孩变得善良，一定要多告诉他们“你是一个善良的孩子”，他们可能因此成为一个充满善意的人。

HOW TO USE PSYCHOLOGY TO...

让别人喜欢你

你可以运用很多心理学技巧来让别人喜欢你。

巧妙地模仿他们 正如前文所述，大家都喜欢和自己相像的人，因为我们都喜欢自己。因此，如果发现某人和自己很像，我们很可能喜欢上他。所以，如果想要得到某个人的喜欢，尝试去模仿对方的言谈举止，或者多发表和对方看法相似的观点。

找理由赞美他们 人们都喜欢让自己感觉良好的人，因此，有意义的赞美会有所帮助（但不是不切实际的恭维哦）。

让他们感觉有趣 人们都希望自己身边的人新奇有趣，因此，善于分享一些好玩的故事经历也会让人更喜欢你。大家都渴望接触新鲜好玩的东西，所以，多在脑子里装一些好玩的事来和大家分享吧。

请求他们帮个小忙 在帮助你之后，他们对自己的感觉会变好，这是个巧妙提升人们自尊的方法。他们还会觉得，自己是因为喜欢你，所以才愿意帮助你。

表达对他们的兴趣 每个人都喜欢谈论自己。因此，在听别人讲自己的故事时发出觉得有趣的感叹，会让他们更喜欢你。此外，询问与他们生活和兴趣爱好有关的问题，也会起到同样的效果。

保持积极 没有人喜欢被负能量围绕，所以尽量不要过多地向别人抱怨自己的生活。

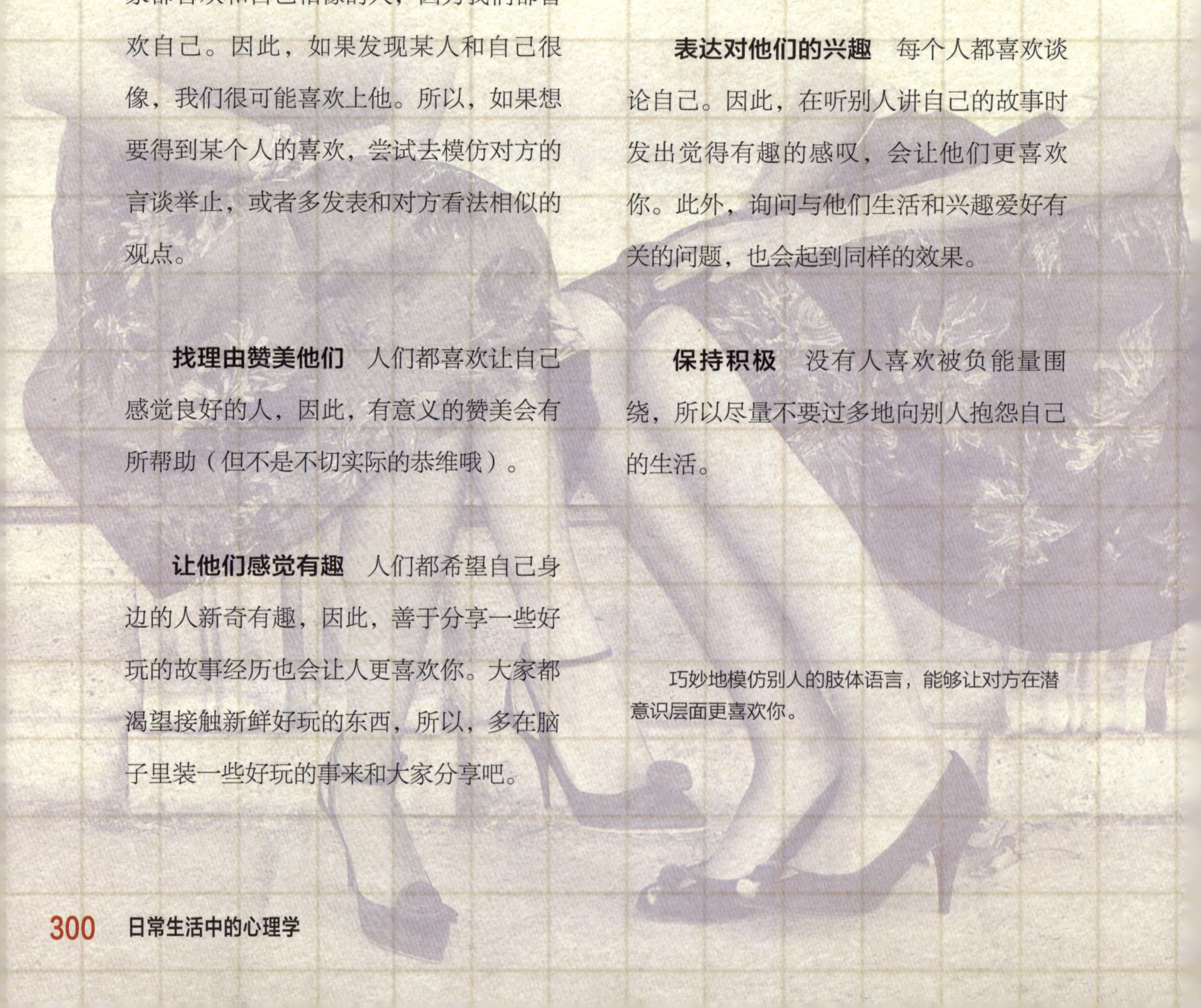

巧妙地模仿别人的肢体语言，能够让对方在潜意识层面更喜欢你。

HOW TO USE PSYCHOLOGY TO...

让别人爱上你

还记得第102页介绍的两因素情绪理论吗？当人们感觉到生理上的唤醒时，会在身边寻找引起唤醒的原因。我们可以运用这个理论来让别人爱上自己。下面介绍一些引起唤醒的方法。

让他们受惊 试着让你的约会对象吓一大跳吧！恐怖电影、蹦极或者惊险的过山车都可以将约会对象的情绪推向我们所希望的方向。当他们因为害怕引起生理唤醒，他们会看着你，紧抓你的手，或抱着你的手臂寻求保护。这时，他们会如你所愿地把你当作导致唤醒的原因，觉得自己是因为太喜欢你而心跳加速，而意识不到那其实是恐惧的副产品。如果你的对象是那种不愿意承认自己胆怯的人，这个方法会更加见效，因为对恐惧的否认让他们更可能将唤醒归因为对你的喜欢。

让他们兴奋 如果恐惧没有效果，那就试着让对方感到兴奋吧！你可以把约会主题定为爬山、划独木舟或其他会使人兴奋起来的活动。如果对象是你办公室的同事，和他一起奋战一个高强度的工作也会起到类似的效果，因为这可以让你们兴高采烈地赢得客户的合约或职场上的成就（这也是办公室恋情为何如此常见的原因）。

让他们形成条件反射 运用条件反射也是一个有用的心理学小技巧。设法让他们将你和所有好的、积极的事情联系起来。如果你这个人本身就能让他们产生好感，效果会更加显著。

不要那么“好约” 你也可以尝试运用“稀缺原则”。人们都渴望自己得不到的东西，因此，不要让自己太容易被对方得到。甚至，你还可以向对方展现其他人有多需要你。

HOW TO USE PSYCHOLOGY TO...

让自己少发脾气

如果你是动不动就爱发脾气的人，以下方法可能会帮到你。

避免让你发火的源头　生活中通常总会有一些让我们特别生气的事情，它们很可能是习惯或条件反射的结果。找出这些源头，思考其中哪些是可以改变的，哪些是难以避免的。尽量减少会让你生气的事物吧，就算不能完全消除，也可以尝试减少它出现在生活中的次数。

远离让你愤怒的事物　在生活中，我们不可能完全避免让自己生气的事物，但可以和它们保持距离，无论是物理距离还是时间距离。拉开物理距离的方法包括，走得远远的（离开那个又粗鲁又无礼的家伙），或者去散个步冷静一下等。保持时间距离指的是用时间作为屏障，将自己和让你生气的事物隔绝开。例如，你可以提出，自己需要时间思考一下，以免冲动地说出会让自己后悔的气话。

“打乱”愤怒的反应　如果我们既不能避免让自己发火的源头，又无法和它保持距离，那唯一可行的方法就是运用认知策略，让自己的内心有所转变。我们不能改变事物本身，但我们可以改变回应它的方式。一个方法是尝试换一个方式来解读事物。另外，我们还可以通过做一些和情绪不相符的行为来打乱愤怒反应，从而降低它对我们的影响。愤怒是一种唤醒的状态，如果你处于十分放松的状态，就不可能感觉愤怒。因此，去做能让自己放松下来的活动，愤怒的强度也会因此减轻。

从别人的视角看问题　增加你对别人的同情心，试着想想这个让你生气的人的处境，他自己本身的状况可能也很糟糕。你还可以通过寻找你们身上的共同之处来提高对他的共情水平。

充斥着沮丧的生活会让我们离目标越来越远。所以，学着应对沮丧，让自己少点压力，多点欢乐吧。

运用思维停止法 这是另外一种认知技术，你可以用它来“捕捉”愤怒反应，并及时中断。在生气时，我们倾向于在脑海里将事情反复重演，这会持续加剧愤怒。因此，当你感觉火气正在往上冒的时候，试着及时叫停那些在你脑中盘旋的想法，来中断愤怒反应。

大笑几声 幽默也是一种认知策略，它通过带入与愤怒反应不匹配的元素来让人消火。这一做法的基本假设是，人不可能在同一时间内既愤怒又愉快，笑声能够取代怒气。幽默还可以帮助我们换一个方式看问题，在笑着的时候，我们会以另一种视角理解事物。所以，人们常说：“总有一天你会笑着再说起这件事的。”另外，笑声可以让情绪从紧张中释放出来，从而减弱愤怒反应。它还可以分散注意力——当你笑着面对时，就可能不会记起自己最初有多么愤怒。

HOW TO USE PSYCHOLOGY TO...

平息别人的怒气

很多时候，别人发火甚至比我们自己发火更成问题。心理学也有许多处理这个问题的小技巧。

承认情绪 这是处理别人情绪的第一步。告诉对方，你知道他很生气，也知道他为什么生气。很多时候，人们之所以越来越生气，是因为他们觉得需要让身边的人知道自己是来真的。承认对方愤怒的情绪，会让他们没有发作的空间，因为他们不再需要强调自己有多生气了。

保持低沉、冷静的声线 注意自己说话的音调也有助于缓解别人的怒意。相反，如果你也一样激动地叫嚷着来回应，那只会让对方更加生气——当你提高音量，对方自然也会用大嗓门来和你“匹配”。

一起坐下来 试着让发火的人和你一起坐下来，人在坐着的时候是比较难发火的。因为人们在生气时总会不自觉地站起来，尝试让对方坐下有助于抵消这种自动反应。

安抚对方 火冒三丈的人很难保持理性，所以这个时候注意不要问对方太多问题。尽量说一些安慰的话，例如：“我懂。”“那一定很难过吧。”“听起来确实挺糟。”“好像你的心血都白白浪费了。”

道歉 在该道歉的时候及时道歉，这听起来很简单，但很多人做不到。

站立姿势会让人更加生气，因为站着更容易做出有攻击性的动作。因此，试着让对方坐下来冷静一下吧。

结语

这个精彩的心灵探索之旅即将落下帷幕，希望你能从中感受到心理学研究的迷人之处。我的目的是向各位读者介绍在思维和行为研究领域最主要的理论、实验、方法和代表人物。作为一个对这个领域充满热情的心理学家，我希望能以丰富多彩的方式让你领略人类思维的神奇魅力。

现在，如何去运用这些知识，就看你自己了。也许你还想了解更多，阅读更多，甚至立志在心理学领域开创一番事业；也许你只是想对自己和他人多一点了解；也许你希望为自己或所爱的人找到解决问题的具体方法（你可以在参考资源部分找到更多帮助）。无论出于什么理由翻开这本书，我都希望你能享受阅读过程，并对心理学产生一些新的认识和理解。

参考资源

渐进式肌肉放松法（用于放松和减轻压力）

这个方法可以帮助使用者学会觉察身体处于放松和紧张状态的不同之处。很多放松技巧只是在口头上告诉使用者要放松，但真正做到放松其实并不容易。而渐进式肌肉放松法能够指导你依次收紧和放松身体每个部位的肌肉。你也来试一下吧。

1. 用舒服的姿势坐在扶手椅上，甚至躺在床上。可以闭上眼睛来获得更好的效果（但如果闭眼反而让你紧张，那就不用了）。

研究发现渐进式肌肉放松法可以降低血压，但需要通过学习和练习才能达到比较好的效果。

2. 专注在你的呼吸上——缓慢地吸气、呼气。在呼气的时候，脑子里想着“放松”这个词。重复数次。

3. 紧紧屈起你的脚趾，让它变得紧张，这会让你觉得不舒服，留意这个动作是如何让你的小腿、大腿甚至全身都逐渐变得紧张的。然后，放松脚趾，留意这个过程，感受脚趾在放松状态和紧张状态的差别。同时保持缓慢呼吸，在呼气的时候想着“放松”。重复数次。

4. 将注意力转向大腿。收紧大腿，直到产生非常不舒服的感觉，留意这种紧张感如何逐步从大腿蔓延到全身。然后，让大腿恢复放松，享受放松带来的舒适感和畅快感，感受大腿在放松状态和紧张状态的不同。同样在呼气的时候想着“放松”。重复数次。

5. 将注意力转向腹部。收紧腹部使其紧张，直到不舒服的感觉出现。感受腹部的紧张感逐步延伸到全身的过程。然后，放松腹部，享受放松的舒适和愉悦。感受腹部紧张和放松时的差别。别忘了保持缓慢呼吸，并在呼气的时候想着“放松”。重复数次。

6. 在不同的肌肉群重复以上步骤，包括手指（可以通过紧紧握拳来让它紧张）、肩膀（用耸肩动作）、眼睛（将它们紧紧闭上）和面部（让嘴巴紧闭收缩）。最后，还可以让全身同时进入紧张状态，再进行放松。

第一部分

British Psychological Society careers advice: www.bps.org.uk/careers-education-training/careers-education-and-training

American Psychological Association careers advice: www.apa.org/careers/index.aspx

Canadian Psychological Association careers advice: www.cpa.ca/students/career/

Australian Psychology Association careers advice: www.psychology.org.au/studentHQ/careers-in-psychology/

"The 100 Most Eminent Psychologists of the 20th Century", *Review of General Psychology*, 2002 (vol. 6, no. 2), www.creativity.ipras.ru/texts/top100.pdf

Designing and Reporting Experiments in Psychology by Peter Harris, Open University Press, 3rd edition, 2008

As Nature Made Him: The Boy Who Was Raised as a Girl, by John Colapinto, HarperCollins, paperback edition, 2001

Original newspaper coverage of Kitty Genovese murder: www.nytimes.com/1964/03/27/37-who-saw-murder-didnt-call-the-police.html?_r=0

Minnesota Center for Twin & Family Research: www.mctfr.psych.umn.edu/research/UM%20research.html

Epilepsy Action (UK): www.epilepsy.org.uk

Epilepsy Foundation of America: www.epilepsy.com

Epilepsy Canada: www.epilepsy.ca

Epilepsy South Africa: www.epilepsy.org.za

Epilepsy Australia: www.epilepsyaustralia.net

An Introduction to Psychological Assessment and Psychometrics by Keith Coaley, Sage Publications, 2nd edition, 2014

You're Hired! Psychometric Tests: Proven Tactics to Help You Pass by Ceri Roderick and James Meachin, Trotman, 2010

第二部分

Opening Skinner's Box: Great Psychological Experiments of the Twentieth Century by Lauren Slater, Bloomsbury Publishing, paperback edition, 2005

"Pareidolia: Why We See Faces in Hills, the Moon and Toasties", *BBC News Magazine*, 31 May 2013, www.bbc.co.uk/news/magazine-22686500

Basic Vision: An Introduction To Visual Perception by Robert Snowden, Peter Thompson and Tom Troscianko, Oxford University Press, 2nd edition, 2012

How to Develop a Brilliant Memory Week by Week: 50 Proven Ways to Enhance Your Memory by Dominic O'Brien, Watkins Publishing, 2014

"Why Does the Human Brain Create False Memories?" by Melissa Hogenboom, BBC News, 29 September 2013, www.bbc.co.uk/news/science-environment-24286258

Video of Skinner box: www.youtube.com/watch?v=D-RS80DVvrg

Video of love or fear study:

www.youtube.com/watch?v=P0aMEkGlcQE

Intelligence: All That Matters by Stuart Ritchie, Hodder & Stoughton, 2015

How Intelligent Are You? The Universal IQ Tests by Victor Serebriakoff (Honorary President of World MENSA), Robinson, reissue 2014

Video of Konrad Lorenz's experiment, National Geographic Society: www.youtube.com/watch?v=CayHUn6z_Is

Video of Mary Ainsworth's "strange situation" experiment: www.youtube.com/watch?v=QTsewNrHUHU

Video of Piaget's conservation tasks: www.youtube.com/watch?v=gnArvcWaH6I

Dual Language Development and Disorders: A handbook on bilingualism & second language learning by J Paradis, F Genesee and M Crago, Paul H Brookes Publishing, 2011.

Groupthink: Psychological Studies of Policy Decisions and Fiascoes by Irving L Janis, Houghton Mifflin, 2nd hardback edition, 1983

A Theory of Cognitive Dissonance by Leon Festinger, Stanford University Press, 1957

第三部分

Video of BBC documentary "The Stanford Prison Experiments": www.youtube.com/watch?v=gb4Q20z0T1Q

Video of Milgram's studies (original footage): www.youtube.com/watch?v=xOYLCy5PVgM

Video of autokinetic effect studies (original footage of Sherif's studies, upon which Asch's were based): www.youtube.com/watch?v=0DoIxN6B4PQ

Video of Asch conformity study (original footage): www.youtube.com/watch?v=NyDDyT1lDhA

Video of Harlow's monkeys (original footage): www.youtube.com/watch?v=_O60TYAIgC4

Video of "The Brain: A Secret History – Emotions; Bandura Bobo Doll Experiment", DebateFilms: www.youtube.com/watch?v=zerCK0lRjp8

Video of Jane Elliott's blue eyes – brown eyes experiment (original footage): www.youtube.com/watch?v=gRnRIC9JQTQ

The Marshmallow Test: Understanding Self-control and How To Master It by Walter Mischel, Corgi, paperback edition, 2015

The Robbers Cave Experiment: Intergroup Conflict and Cooperation (orig. pub. as *Intergroup Conflict and Group Relations*) by Muzafer Sherif, O J Harvey, B Jack White, William R Hood and Carolyn W Sherif, Wesleyan University Press, Wesleyan edition, 1988

"Cognitive, Social, and Physiological Determinants of Emotional State", *Psychological Review*, by S. Schachter and J. Singer, 1962

"Disputed Results a Fresh Blow for Social Psychology" by Alison Abbott (article about social priming), *Nature*, 30 April 2013, www.nature.com/news/disputed-results-a-fresh-blow-for-social-psychology-1.12902

Video of "False Memory: Lost in the Mall", ShortCutsTv: www.youtube.com/watch?v=VTF7FUAoGWw

第四部分

Video of "Managing Stress: Brainsmart", BBC: www.youtube.com/watch?v=hnpQrMqDoqE

Overcome Phobias and Panic Attacks: Teach Yourself by Sandi Mann, Hodder & Stoughton, 2013

Sleep Education: www.sleepeducation.org/sleep-disorders-by-category

Beat (UK eating disorders): www.b-eat.co.uk

National Eating Disorders Information Center (Canada): www.nedic.ca

Eating Disorders South Africa: www.edsa.co.za

Butterfly Foundation for Eating Disorders (Australia): www.thebutterflyfoundation.org.au

Mind (UK mental-health charity): www.mind.org.uk

National Institute of Mental Health (US): www.nimh.nih.gov/index.shtml

Canadian Mental Health Association: www.cmha.ca

Living with Schizophrenia: www.livingwithschizophreniauk.org/what-is-schizophrenia

National Autistic Society (UK): www.autism.org.uk/about.aspx

Autism Society (US): www.autism-society.org

Autism Canada: www.autismcanada.org

Autism Awareness (Australia): www.autismawareness.com.au

Autism South Africa: www.aut2know.co.za

South Asia Autism Network: www.autismspeaks.org/wordpress-tags/south-asia-autism-network

"No Link Between MMR and Autism, Major Study Concludes" by Sarah Boseley, *The Guardian*, 21 April 2015, www.theguardian.com/society/2015/apr/21/no-link-between-mmr-and-autism-major-study-concludes

ADHD Foundation (UK): www.adhdfoundation.org.uk/main-v1.php

CHADD ADHD Support (US): www.chadd.org/About-CHADD.aspx

Canadian ADHD Resource Alliance: www.caddra.ca

ADHD South Africa: www.adhasa.co.za

An Introduction to Cognitive Behaviour Therapy: Skills and Applications by David Westbrook, Sage Publications, 2nd edition, 2011

Mindfulness: A Practical Guide to Finding Peace in a Frantic World by Mark Williams and Danny Penman, Piatkus, 2011

British Psychoanalytic Council: www.bpc.org.uk

American Psychoanalytic Association: www.apsa.org

Canadian Psychoanalytic Society: www.en.psychoanalysis.ca/

Gestalt Therapy: 100 Key Points and Techniques by Dave Mann, Routledge, 2010

Person-Centred Therapy: 100 Key Points by Paul Wilkins, Routledge, 2nd edition, 2015

Existential Therapy: 100 Key Points and Techniques by Susan Iacovou and Karen Weixel-Dixon, Routledge, 2015

Games People Play: The Psychology of Human Relationships by Eric Berne, Penguin, reissued 2010

第五部分

Stop Smoking with CBT: The Most Powerful Way to Beat your Addiction by Max Pemberton, Vermilion, 2015

Paying it Forward: How One Cup of Coffee Could Change the World by Sandi Mann, HarperCollins, 2014, Kindle edition, 2015

"A Normal Psychology of Chronic Pain" by Christopher Eccleston, *The Psychologist*, June 2011, vol. 24, www.thepsychologist.bps.org.uk/volume-24/edition-6/normal-psychology-chronic-pain

Lead from the Heart: Transformational Leadership for the 21st Century by Mark C Crowley, Balboa Press, 2011

Manage Your Anger: Teach Yourself by Sandi Mann, Hodder & Stoughton, 2012

How to Develop a Brilliant Memory Week by Week: 50 Proven Ways to Enhance Your Memory by Dominic O'Brien, Watkins Publishing, 2014

"Seven Ways to Improve Your IQ", *Men's Health*, 12 November 2015, www.menshealth.co.uk/healthy/brain-training/seven-ways-to-improve-your-iq

"5 Cognitive Behavioral Strategies for Losing Weight that Work" by Christy Matta, www.psychcentral.com/blog/archives/2013/09/18/5-cognitive-behavioral-strategies-for-losing-weight-that-work/

Would I Lie to You? by Paul Seager and Sandi Mann, Albert Bridge Books, 2013

Video on how to haggle:
www.youtube.com/watch?v=sgZ0kUtUqgg

Surviving the Terrible Teens: How to Have a Teenager and Stay Sane by Sandi Mann, Paul Seager and Jonny Wineberg, Crimson Publishing, 2008

Action for Happiness: www.actionforhapin ess.org

如何寻求专业的心理援助

如果你身在英国，觉得自己有精神健康问题，你可以向家庭医生求助。他们会把你介绍到国民保健署下属的心理机构，但这通常需要等待较长时间。有的人更倾向于自己寻求帮助，因为可以节省等待时间，还可以选择自己比较方便的时段就诊。以下是一些寻找治疗师的方法。

在英国寻找心理学家　可以通过这个网址来寻找英国心理学会的注册心理师：http://www.bps.org.uk/bpslegacy/dcp。注册心理师都通过了英国心理协会认可的课程和训练，具备足够的知识和技能，达到专业执业标准。

在英国寻找心理咨询师　可以通过以下咨询师目录查询：http://www.counsellingdirectory.org.uk

在英国寻找心理治疗师　英国心理治疗黄页：http://members.psychotherapy.org.uk/findATherapist

美国　可以通过美国心理学协会（APA）来找到当地的执业心理治疗师。http://locator.apa.org/。也可以通过相关网站来查询，如GoodTherapy：http://www.goodtherapy.org/findpsychologists.html，或*Psychology Today*：https://therapists.psychologytoday.com/rms/（加拿大也适用）

加拿大　可以通过加拿大心理协会网站查询：http://www.cpa.ca/public/whatisapsychologist/PTassociations/

欧洲　每个欧洲国家都有管理执业心理师的组织机构，你也可以通过欧洲心理学家协会联盟（EFPA）的网站进行查询：http://www.efpa.be/findpsychologist.htm

澳大利亚 可以通过澳大利亚心理协会网站进行查询：https://www.psychology.org.au/FindaPsychologist/

亚洲 你可以从Psychology Matters Asia这个网站上找到香港地区，以及新加坡、马来西亚、印度、日本和澳大利亚等地的心理学家：http://www.psychologymatters.asia/find_therapist.php

事实上，和在网上寻找治疗师相比，人们的口耳相传和推荐可能是更好的办法。很可惜，很多人对谈论精神健康问题仍然有所忌讳。如果你知道有朋友对这方面有所了解，你也可以请他为你推荐一位值得信赖和喜爱的治疗师。

索引

I

J

K

L

M

X

Y

Z

图片出处

Alamy AF Archive 230, 262; Andrew Paterson 27; bilwissedition Ltd. & Co. KG 135; Blend Images 18; Cultura Creative (RF) 220; Cultura RM 113; D Hurst 160 main; Daria Zuykova 239; David Taylor 240; Elena Elisseeva 22; Gianni Dagli Orti/The Art Archive 153; Graham Hughes 175; Granger, NYC. 246; moodboard 162; PhotoAlto 81; Pictorial Press Ltd. 177, 263; Sergio Azenha 133; SPUTNIK 96; Tanya Lacey 300; The Natural History Museum 14.

Dreamstime.com Andor Bujdoso 208; Andrea Crisante 2; Aphinan Jarong 44; Bluraz 242; Drserg 59; John Helgason 158; Minaret2010 204; Noam Armonn 45; Otmar Winterleitner 198; Syda Productions 192; Travnikovstudio 121; Viorel Dudau 226; Wavebreakmedia Ltd 171.

Getty Images Al Fenn/The LIFE Picture Collection 139; Andreas Solaro/AFP 15; Anthony Barboza 129; Art Media/Print Collector 225; Bettmann 35, 172; BSIP/UIG via Getty Images 4 right, 61; Chris Parsons 4 background; DEA/G. DAGLI ORTI 9; fotografixx 39; Frank van Delft 241; Jan Rieckhoff/ullstein bild via Getty Images 145; Kraig Scarbinsky 120; Lars Baron/Bongarts 169; Louis Monier/Gamma-Rapho via Getty Images 30; Matthew Ward 210; Michael Rougier/The LIFE Picture Collection 33, 257; Nina Leen/The LIFE Picture Collection 157; Norbert Michalke 47; Paul Hudson 77; PeopleImages 116; Peter Dazeley 291; PhotoAlto/Ale Ventura 71; Roberto Serra - Iguana Press 104; Sam Edwards 85; Science & Society Picture Library 66; Science Photo Library - PASIEKA 62; SCIEPRO 9 left, 60; Serny Pernebjer 258; Sigmund Freud Copyrights/ullstein bild via Getty Images 247; Three Lions 41; Time Life Pictures/Mansell/The LIFE Picture Collection 31; Underwood Archives 123; Westend61 122; ZEPHYR/Science Photo Library 55.

iStock 4x6 20, 21; AfricaImages 191; ajkkafe 173; annedde 17; Antagain 205; Anton Gvozdikov 98; baona 221; CSA-Plastock 149 right; David Hanlon 275; fbatista72 105; Floortje 232, 261; Grady Reese 167; Hans Laubel 140; ideabug 28; iStockphoto_RAW 92; Jacob Wackerhausen 124; John Gollop 12, 88; kupicoo 26; Liubomir Turcanu 76; Mark Papas 100; miappv 36; Neustockimages 184; Ni Qin 276; OJO_Images 25; okeyphotos 168; PeopleImages 83; poligonchik 178; Roman Samokhin 97; Sashkinw 182; SelectStock 64; Shaun Lombard 207; skynesher 245; teekid 147; temmuz can arsiray 206; tetmc 233; visualspace 99; Volker Göllner 146; Wavebreakmedia 236, 252; ZU_09 9 right.

NASA 130.

Octopus Publishing Group Russell Sadur 73.

Press Association Images AP 264; AP Photo/New School for Social Research 32.

REX Shutterstock 79; Action Press 165; Blend Images 254; Everett Collection 161; ITV 231; Novastock 49.

Science Photo Library Omikron 214; Wellcome Dept of Cognitive Neurology 48, 155, 156.

Shutterstock 297; 4x6 119; 578foot 284; albund 294; Alena Ozerova 308; Alexander Raths 209; altanaka 229; Andrey Armyagov 86; Antonio Guillem 215, 293; Axel Bueckert 219; Benoit Daoust 180; bontom 301; CandyBox Images 194; Carolyn Franks 190 right; Chaikom 38, 69; Cherednychenko Ihor 222; Chimpinski 183; David Asch 143; Daxiao Productions 288; Dm_Cherry 95; fantom_rd 265; file404 70; Frank Wasserfuehrer 213; Gam1983 307, 310, 312; Hein Nouwens 11 right; hxdbzxy 176; igor.stevanovic 212; Incredible_movements 57; indigolotos 166; iodrakon 144; jcjgphotography 270; Johan Larson 102; Juan Gaertner 54; kart31 114; Kisialiou Yury 248; Kozlenko 164; LifetimeStock 50; Lisa Alisa 189; Ljupco Smokovski 174, 298; lynea 11 left; Maksym Poriechkin 282; Mariyana M 118; Master1305 250; Morphart Creation 53 left; natrot 170; niderlander 187; nikolarisim 56; pathdoc 201; Pavelk 103; PHOTOCREO Michal Bednarek 280; pimpic 107; PongMoji 279; Pressmaster 314; Rawpixel.com 43, 94, 125, 185, 287; Ruslan Ivantsov 160; Sebastian Kaulitzki 53 right; shahreen 106; Shymko Svitlana 193; sondem 271; style-photography 101; Sumate Gulabutdee 289; Syda Productions 303; T.Dallas 138; Tatiana Shepeleva 75; Timof 117; ved prakash sharma 286; Vereshchagin Dmitry 273; vita khorzhevska 285; Voran 281; vtwinpixel 200; watchara 268; wavebreakmedia 110, 269, 304; winnond 203; xpixel 52; Yuravector 148; yurgo 63; Yuriy Rudyy 217, 218.

Stanford Historical Photograph Collection (SC1071) 141, 142.

The Advertising Archives 181.

TopFoto ullsteinbild 67.